阿德勒心理学经典文丛

Social Interest

A Challenge to Mankind

走向社会的勇气

教你如何与世界相处

〔奥〕阿尔弗雷德·阿德勒⊙著

李 琪 王 柳⊙译

台海出版社

图书在版编目（CIP）数据

走向社会的勇气：教你如何与世界相处 /（奥）阿尔弗雷德·阿德勒著；李琪，王柳译 . -- 北京：台海出版社，2022.10

ISBN 978-7-5168-3392-6

Ⅰ . ①走… Ⅱ . ①阿… ②李… ③王… Ⅲ . ①心理学—通俗读物 Ⅳ . ① B84-49

中国版本图书馆CIP数据核字(2022)第167299号

走向社会的勇气：教你如何与世界相处

著　者：〔奥〕阿尔弗雷德·阿德勒	译　者：李琪　王柳	
出版人：蔡　旭	封面设计：同人阁·书装设计	
责任编辑：徐　玥		

出版发行：台海出版社

地　　址：北京市东城区景山东街 20 号　　邮政编码：100009

电　　话：010 — 64041652（发行，邮购）

传　　真：010 — 84045799（总编室）

网　　址：www.taimeng.org.cn/thcbs/default.htm

E-mail：thcbs@126.com

经　　销：全国各地新华书店

印　　刷：永清县晔盛亚胶印有限公司

本书如有破损、缺页、装订错误，请与本社联系调换

开　本：880mm×1030mm	1/32	
字　数：132 千字	印　张：8	
版　次：2022年10月第1版	印　次：2022年10月第1次印刷	
书　号：ISBN 978-7-5168-3392-6		
定　价：68.00 元		

前　言

　　我在生活中身兼数职，既在诊所担任顾问医生，帮助患者解决心理问题，又在学校担任教师，还作为心理学家担任家庭心理咨询师，所以会有很多机会接触到大量的研究对象。在发表声明这件事上我会保持很严谨的态度，不会发表任何未经亲自证实的声明。在证实的过程中，我经常会发现自己的结论与其他研究者的研究结果相冲突，相较而言，之前的那些研究往往没有那么深入。遇到这种情况时，我会心平气和地检验其他研究者的中心论点，这对我来说不是难事，因为我不受任何严规约束，也没有任何先入之见，"世事无绝对"是我的座右铭。我们无法通过某个简短的方程式去理解个体的独特性，那些普适的规则只不过是研究个体时的辅助工具，当然，这些规则也涵盖由我亲自创建的个体心理学规则。我们可以借助这些规则去理解个体，但这些规则并不适用于所有个体。谈及规则时，我们要将重心放在规则的灵活性上，要感受个体间的微妙差异。我深信每个个体在童年最早期都具有无限的创造力，随着年龄的增长，在个体形成固定的行为动向（law of movement）后，其创造力也随之受限。基于这个观点，儿童有机会自由地施展拳脚，为实现完美、自我实现、自我超越或者进化的目标而全力拼搏。基于环境及教养的影响，儿童会构建自己独特的生活风格（style of life）。

此外，儿童应以"永恒的视角"（sub specie aeternitatis）[1]构建自己的生活风格，以抵御生活的考验，避免遭受挫折。在成长过程中，儿童会不断遇到同样的问题，那些问题的表现形式千变万化，如果要解决那些问题，不能仅仅靠儿童的条件反射或者其先天的精神力量。这样太冒险了，毕竟世界总会不断提出新考验，新的问题也会继续涌来。儿童的生活风格引领其创新精神的发展，而只有持续创新的精神才能解决世界上最难的问题。在各心理学流派中，很多专有名词都遵循同样的重要性排序，依次包括直觉（instincts）、冲动（impulses）、情感（feeling）、思维（thinking）、行为（action）、对愉悦与痛苦的态度、自爱（self-love）及社会情感（social feeling）。生活风格掌管着所有上述表现形式，即整体掌控部分。如果要寻找错误的源头，就得探究个体的行为动向，探索个体生活风格的最终目标，而非聚焦于上述这些表现形式。

我还关注到一件事情，很多心理学家倾向于为自己的教条覆上一层伪装，他们常借助机械论或物理学的明喻掩饰自己的武断，让精神领域也蒙上了"因果律"的面纱。他们进行比喻时，时而提及上下活动的手摇泵，时而提及具有南北两极的磁铁，时而又提及疲惫不堪地挣扎着满足基本需要的可怜动物，

---

[1] sub species aeternitatis, 英文意思为under the aspect of eternity, 是十七世纪哲学家巴鲁赫·斯宾诺莎（Baruch Spinoza）的名言, 意为用一种新的眼光、一种永恒的观点来看事情。

而持有这种立场的心理学家很难观察到人类精神生活的根本变化。在精神科学领域中，众多心理学家以因果律和统计概率的视角思考问题，声称个体心理学否认了精神活动中的因果关系的存在，这种说法实属无稽之谈。个体出现错误的行为时，尽管那些错误的行为有千百万种变化形式，但我们不能以因果关系的视角去审视那些行为，这是外行人都明白的道理。

虽然很多心理学家依然在绝对确定性中游走，但我们必须脱离绝对确定性的樊篱，在面对人性中无法避免的问题时，我们只能依据个体的"动作"（movement）展开判断。每一个个体都不可避免地要面对三大问题，即对同胞（fellow men）、职业（vocation）和爱（love）的态度，这三方面紧密联系，个体与宏观因素的关系、与社会的关系以及与异性的关系是这三大问题产生的根源，且问题的解决方法关系到人类的命运与福祉。个体是人类整体的一部分，个体解决这三大问题的方法会影响其自身的价值，这三大问题可以被视为必须完成的数学任务。在解决问题的过程中，对于那些构建了错误的生活风格的个体而言，当他们遭受越惨重的失败时，发生在其身上的并发症越会随之增加。只要对这些个体的社会情感（social feeling）的可信度进行验证，就会发现并发症的存在。当他们面对那些需要合作和友谊才能完成的任务时，各种症状会因此显现，包括不听管教、神经症（neurosis）及精神神经症（psychoneurosis）、自杀、犯罪、药物成瘾以及性反常（sexual perversion），而这些症状恰恰证明他们的生活风格是错误的。

在揭露了个体对社会生活的适应不良后，我们会好奇这样一个问题：个体的社会情感是如何停止增长以及何时不再增长的？这不单单是一个学术问题，也是找到其治愈方法的至关重要的一个问题。为了寻求充分的解释，我们会探索个体在其童年最早期的经历，关注对个体的完善发展造成阻碍的情境。当儿童面对那些阻碍时，往往会做出错误的回应。通过仔细分析儿童遇到阻碍时的事情原委，我们发现他们有时会对合理的干扰做出错误的回应，有时会对错误的干扰做出错误的回应，有时又会对错误的干扰做出正确的回应——其中，第三种情况出现的频率最低。此外，在儿童选定了前进道路后，他们会为了征服既定的目标而持续前行。因此，无论儿童如何设定自己的边界，教育不仅可以为儿童带来积极的影响，还能确保儿童创造力的发展，为形成错误的生活风格的儿童铺平改进的道路。

　　儿童在两岁时，其行为动向初现端倪；到五岁时，他们已确定了自己的行为动向。行为动向涵盖生活节奏、性情、活动程度以及社会情感程度，儿童的其他能力也与其行为动向息息相关。本书主要探讨与行为动向紧密相关的统觉（apperception）[1]，即探讨个体看待自身与外界的方式。换言

---

　　[1] 康德指出：为了得到关于包括人的自我在内的任何特殊存在的知识，感觉与理智二者都是不可缺少的。康德把"统觉"理解为一种纯粹理智的认识形式，认为它是"自我意识"的最高的统一功能，由它建立起"对象"的客观性。康德认为自我意识的绝对统一性是一切客观性的最高条件。因为，凡是不能统摄在自我意识统一性之下的东西都不能成为我们知识的对象，对象意识绝对地受自我意识统一性的制约。康德又把这种自我意识的统一性叫作统觉的先验的统一。在康德看来，统觉的统一性既是分析的又是综合的；统觉的统一就其自身来说，是分析的，即"我是我"。然而，分析的统一以综合的统一为前提。因为，如果知性不是关联着感性来进行它的活动，如果主体对于自我统一性的意识不是表述在知性的综合之中，那么，"我是我"这个分析命题也是不成立的。知性的这种综合活动，即统觉的综合的统一，它的分式是"我思维这些表象"。

之，本书聚焦于儿童及成人的人生观与世界观。此外，我们不能依据个体的所言所思对其展开判断，因为其所言所思均受其行为动向的魅惑，而其行为动向以征服为目标，即使当个体自我谴责时，也会对胜利的高地投以热切的目光。我将个体的完整的生活称为"生活风格"，当儿童未有足够的语言能力及思维能力表达其生活风格时，他们的生活风格就已成形了。当儿童借助自身的智力（intelligence）继续发展生活风格时，我们无法通过言语理解这个过程，无法对此过程进行评价和攻击，也无法批判儿童在此方面的经验。这个过程与受压抑的潜意识无关，更确切地说，那是我们无法理解的部分。个体对自身的生活风格习以为常，面对生活中的问题时，也会熟练地做出反应，而要想解决遇到的问题，个体必须具备社会情感。

如果要理解个体对自身以及外部世界的看法，我们可以探究个体在生活中体会到的意义，并发掘个体赋予其人生的意义。在这个过程中，我们可能会发现个体的社会情感浓度过低，不适应社会生活，合作精神欠佳，不会与朋友相处。

人生意义（the meaning of life）的重要性不言而喻，而不同的个体对其人生意义有着不同的认知。当发现其他个体的人生意义与自身的人生意义完全相悖时，我们不能局限于自身的经验而诋毁他人，我们至少要在某种程度上对不同的人生意义进行了解。

正如读者们将要看到的，在本书开头就会介绍不少经过我验证的案例。我非常愿意承担这项探索人生意义的任务，随着对人生意义的认知愈加深刻，我所创立的科学研究项目会日趋成熟，也会让更多人了解人生意义的重要性。

目　录

第一章
人生观与世界观

　　毫无疑问，每个个体都明确地清楚自己的能力，在此基础上，个体在生活中会做出相对应的行为。在任何情况下，个体从一开始便清楚自身行为的难度与可行性。总之，我深信个体的行为（behavior）源于其思想（idea）。我们不必对此感到惊讶，因为我们的感官不会接收客观事实，只会接收主观意象，即只会接收对外部世界的一种反映（reflection）。塞涅卡（Seneca）[1]曾说过："观点决定一切。"在进行心理研究时，我们要谨记这句名言。个体依据自身的生活风格解释存在的重要事实，只有当个体直面事实，发现事实与其对事实的解释不一致时，个体才会基于直接经验细致地纠正其观点，并在不改变自身人生观的前提下，接受因果律的影响。事实上，不管是有一条毒蛇真真切切地爬向我的脚边，还是我认为自己的脚边有一条毒蛇，这两种情况对我的影响并无差别。对于某个被宠坏了的儿童（spoiled child）来说，只要母亲不在身边，他就会因为害怕窃贼而焦虑。当窃贼真的闯入了家中时，他也会感

----

　　[1] 塞涅卡（Seneca），古罗马斯多葛派哲学家、剧作家、自然科学家、政治家。

到焦虑。这两种焦虑毫无分别，因为无论是何种情况，他都认为自己离开了母亲就无法生存，而第一种情况下的焦虑是毫无根据的。患有广场恐怖症（agoraphobia）的个体认为脚下的地面会摇晃不止，所以他们厌恶外出。当他们不受广场恐怖症的困扰而外出时，如果地面真真切切地摇晃不止，他们也会经历类似的恐惧感。窃贼由于缺乏合作能力，误认为入室行窃更轻松，逃避对自身与社会有益的工作。而当他们真的去从事比入室行窃难度更大的工作时，他们会对那些工作表示厌恶。一位自杀者认为自己的人生没有希望，相较于活着，他认为死亡是更好的选择。而当他的生活真的毫无希望时，他同样会选择结束生命。瘾君子认为可以通过嗑药寻求宽慰，他不去解决人生中遇到的问题，反而更重视享受快感。而当他真的去解决人生中的问题时，他依然会选择在嗑药中寻求宽慰。上述个体基于某种观念做出相应的行为，当他们偶尔形成正确的观念时，他们的行为在客观上是正确的。

我想分享一个案例，一位三十六岁的律师对自己的工作全然失去了兴趣，前来咨询他的客户对他印象不好，他认为这是导致其事业失败的原因。在和别人打交道的时候，他总感觉非常困难，尤其不知如何和女性相处，他非常害羞。他曾极不情愿地进入了一场婚姻，甚至对那场婚姻充满了厌恶。仅仅一年后，他离婚了。他现在与双亲同住，与世隔绝，他的父母不得不供养他。

他是独生子，完全被他的母亲宠坏了。母亲总是陪伴在他左右，坚信自己的儿子会出人头地，还成功地说服了儿子本人及丈夫，让他们也持有同样的观点。他在这份殷切希望中长大，在上学期间取得了辉煌的成绩，这似乎证实了母亲的看法。和大部分被宠坏了的儿童一样，他不放弃任何享受，幼稚的手淫（childish masturbation）主宰了他的生活。学校的女同学发现他私下里行为不端，他从此便沦为了笑柄。他彻底远离了她们，在孤立中完全陷入了幻想，他想象自己在爱情和婚姻中取得了辉煌的成就，但发现自己只迷恋母亲。母亲对他唯命是从，长期以来，他都将母亲当成性幻想的对象。在这个案例中，所谓的俄狄浦斯情结（Oedipus complex）[1]并不是"基本的事实"，而是由母亲的过分溺爱导致的非自然结果。他在青少年时期非常虚荣，认为自己被女孩子们背叛了，他的社会兴趣（social interest）不足，没办法与他人相处，这更佐证了上述论点。在毕业前不久，当他需要面对独立谋生的任务时，他患上了抑郁症，他退缩（retreat）了。和所有被宠坏了的儿童一样，他非常羞怯，逃避和陌生人接触。当他在工作中和同事接触时，他又选择了退缩。后来，他放弃了自己的职业生涯。

　　我对上述表达很满意，即使我忽略了其他与之相对应的事实，这些事实包括用于掩饰退缩的"原因"、借口及其他病理性症状。在其过往的人生中，这位男士从未做出任何改变。他总想成为优胜者，但每当不确定自己能否成功时，他便会一如既往地退缩。他对自己的人生观一无所知，在我们这些旁观者眼里，"既然世界在我面前将成功扣留，我干脆退缩好了"，便是其人生观的写照。他追求超越他人，追求胜利，按照自认

---

[1] 俄狄浦斯情节或恋母情结（Oedipus complex），是指儿子恋母仇父的复合情结。它是弗洛伊德主张的一种观点。这一名称来自希腊神话王子俄狄浦斯的故事。俄狄浦斯违反意愿，无意中杀父娶了母亲。

为"正确的"以及"明智的"方式为人处世。他的行为动向不涉及"原因"与"常识"，而只蕴含其"私人道理"（private intelligence）。就算所有人都否定他的生活风格，他依然不会做出任何改变。

我再介绍一个案例，他与前者有相似之处，但情况的表现方式不同，且其远离人群的倾向没有那么强烈。这位二十六岁的男士出生于一个三孩家庭，是家中的第二个孩子。他的母亲更喜欢另外两个孩子，他对此感到非常嫉妒，将优秀的兄长视为竞争对手。他对母亲持有批判的态度，并依赖父亲。他无法忍受祖母及一位女保姆的习惯，不久之后，他将对母亲的反感扩展至对所有女性的厌恶。他立志摆脱女性的管束，并渴望支配男性。他尝试动摇其兄长在各个方面的优越地位，而他的兄长在体能、体操及打猎方面的表现都更优秀，由此，他厌恶一切体育运动。他不仅将所有女性排除在自己的生活之外，还将上述体育活动排除在自己的活动范围之外，他只对那些能为他带来胜利及喜悦的"成就"感兴趣。他曾爱上一个女孩，他远远地爱着她，爱了很长一段时间，而他的孤傲不可能讨得她的欢心，后来她选择了另外一个男孩。他的兄长婚姻幸福，他害怕自己不如兄长那般幸运，他不想在世人眼里再次扮演次要的角色。在他的童年时期，他的母亲总是更看重另外两个孩子。他很想动摇兄长的优越地位。有一次，他兄长打猎归来，自豪地带回了一块上好的狐狸皮毛。他暗地里剪掉了狐狸皮毛上的白色软毛，想挫挫兄长的锐气。在性本能方面，他拒绝将女性纳入考虑范围，其性本能在有限的范围内更加活跃，他成了同性恋。我们可以很容易地理解他对人生意义的解释，他认为要想人生过得有意义，就必须在所做的任何事情中都成为优胜者。为了获得这种优越感，他排斥任何不能为他带来成就感的行为。为了了解他的情况，我与他进行了交谈，他提到了一个令其痛苦不安的事实。他认为他的同性恋对象非常迷人，而他的同性恋对象也深知这一点，在发生性关系时，后者也想享受胜利的感觉。

基于这个案例，我们可能会断言这位男士的"私人道理"并没有错，当其他男人被所有女性拒绝时，他们也会做出同样的反应。事实上，进行泛化（generalize）的强烈倾向是一种根本性错误，在个体构建生活风格的过程中，这种错误频繁出现。

当儿童还未能基于自身经验进行推论，未能用语言与概念表达自己的推论时，其人生规划与人生意义便都开始萌芽了，且两者之间相互补充。然而，基于那些未用语言表达的推论、生活中无足轻重的事件或者未用语言表达而充斥强烈情绪的经历，儿童早已开始对自己的行为表现进行泛化。这些一般性推论附带相应的倾向，在个体未能用语言与概念进行表达时便形成了。在以后的岁月里，尽管这些推论会被以各种方式进行修改，但仍然会持续影响个体。常识或多或少会对这些推论产生影响，能避免让个体过度依赖于规则、习语及原则。不安全感与自卑感驱使个体过分执着地寻求帮助与安全感，常识与社会情感能将个体从过度执着中解放出来。

我再介绍一个案例，大家可能经常见到类似的情况。和人类一样，动物也可能经历错误的成长过程。一只小狗受训在街上紧随自己的主人，在精通了这项技能后，有一天，它忽然跳进一辆正在行驶的车中，它被甩出了车外，所幸没有受伤。这是十分独特的经历，小狗几乎无法对此做出任何天生的反应。当小狗继续受训，紧随主人在街道上行走时，它不再靠近事故发生地点，这很难被归为小狗的"条件反射"。它既不害怕街道，也不畏惧来往的交通工具，它害怕的是事故发生地点。它做出一般性推论，将可怕的经历归咎于事故地点，而非自身的粗心大意及自身经验的缺乏，这与人类的行为如出一辙。当身处事故发生地点时，它总感受到危险的威胁。很多人也会经历类似的心理历程，他们坚持认为事故发生地点是肇因，以确保自己从此不会在该地点再次受伤。神经症患者会做出类似的反应，他们害怕受到威胁，恐惧失败，害怕失去个体性（sense of individuality）。在面对其误认为无法解决的问题时，他们会表现出精神激越（mental agitation），相应的身体症状或精神症状也随之出现。为了保护自己，他们会充分利用这些症状，且将这些症状视为退缩的理由。

显而易见，个体并非受到"事实"的影响，而是被其对事实的解释所蛊惑。个体对事实的解释的准确程度取决于多种因素，包括其经验是否充足、其解释是否与事实相违背及其行为是否与解释相一致。对于缺乏经验的儿童以及不合群的成年人来说，上述观点尤为正确。由于个体的活动范围往往受限，且个体可以毫不费力地或在他人帮助下调节好微小的错误与矛盾，要想对事实做出准确的解释，仅依据上述标准是不够的。个体的生活模式（life pattern）一旦形成，个体便会长久地固守旧有模式。只有当生活中出现无法容忍的错误时，个体才会仔细考虑那些错误，而且要想让这些考虑行之有效，个体就得带着社会情感解决生活中的三大问题，且不以追求个人的优越感（personal superiority）为目标。

由此，我们可以得出结论，个体对自身及生活中的问题有自己的想法，即个体拥有自己的行为模式或行为动向，但个体并不了解自己的行为模式或行为动向，更别提对此做出解释了。个体的行为动向萌芽于其短暂的童年时期，且个体不加选择地、自由地利用天生的能力与外部世界的影响发展自己的行为动向。这个发展过程不受任何能以数学公式表述的行为所限制，为了达成目的，儿童指挥并使用所有的"直觉""冲动"，以及外界与教育对其的影响，这是儿童的艺术创作。这不能被理解为"拥有心理学"（psychology of possession），而可以被理解为"使用心理学"（psychology of use）。当个体言语贫乏，无法将生活中常出现的那些细微差别简要表述出来时，不同的心理类型、心理联想的异同以及心理的相似性便出现了。不过，这些也可能是统计概率的产物。它们的存在是能够被证实的，我们绝不能允许相关证据被简化成某条固定规则的设立。我们无法借由它们的存在对个案进行更深刻的了解，但是它们的存在可以为我们照亮一片视野，以发现独特的个案。我举个例子，就算某个个案被诊断出强烈的自卑感，我们仍无法由此了解个案的本性与特征，相应的诊断结果也无法证实个案接受的教育或身处的社会环境存在缺陷。个体对外界的态度具有千变万化的表现形式，我们可以经由这些表现形式发现相关缺陷。儿童具备创造力，基于自身的创造力，儿童会具备不同的人生观与世界观，因此，不同个体对外界的态度不尽相同，相应的表现形式也千差万别。

为了解释上述观点，我会多举几个例子。某个儿童自出生起便肠胃不适，即受到先天性消化器官缺陷（Congenital Inferiority of Digestive Apparatus）的困扰，且其后天的饮食习惯并不完全适宜，在这种情况下，他会对食物及与食物相关的一切极度感兴趣。因此，他对自身及人生的看法与其对食物的兴趣息息相关，随着时间的推移，他逐渐意识到金钱与食物的联系，转而对金钱充满热忱。不过，不同个案的情况各有不同，不能一概而论。

某个儿童备受母亲宠爱，从童年最早期开始，他的母亲便对他有求必应，他被宠坏了。长大后，他无法料理自己的生活，认为其他人应该帮他处理好所有事情。通过对这些案例进行颇具深远意义的验证，我们能做出所必需的、准确的判断。根据我们的推测，如果某个儿童在幼时常将自我意志强加于父母，那么终其一生，他都会渴望主宰他人。在体验了无法得偿所愿的经历后，他会对外部世界持"犹豫的态度"，带着所有的幻想（包括性幻想）退缩，回到家庭的怀抱，无法依照社会情感做出必要的调整。如果儿童的养育者重视培养儿童的合作能力，引导儿童形成广阔的世界观，即人人享有平等的权利，只要我们不对这些儿童提出超凡的要求，他们便会具备对社会生活的正确认知，并持续努力地解决生活中的问题。在这一点上，即使是在个体心理学领域钻研了多年的学生，也可能无法从"永恒的视角"看待不同个体，因此，他们也可能难以达到个体心理学中的标准。

我再举一个例子，某位父亲轻视自己的女儿，且不顾家，这个女孩很容易会认为"男人没一个好东西"。如果她的某位兄弟、男亲戚或者男邻居也轻视她，或者她在阅读时读到了与自己的经历相似的情节，她会更容易产生上述想法。在这种情况下，她会形成相应的先入之见，并对与其先入之见不同的经历视而不见。如果她的某位兄弟碰巧被大学录取或碰巧入选了某种职业培训，她很容易误认为女性的能力比不上男性的能力，或误认为女性被不公正地排除在高等教育的范围之外。如果某个儿童在家中被忽视，常充当背景板，他会觉得自己受到了威胁，要么觉得自己永远都得不到关注，要么相信自己能有所成就，于是疯狂地努力，试图赶超所有人，不允许任何人比自己优秀。如果一位母亲过度溺爱自己的儿子，他会理所当然地认为自己是万物的中心，自己无须付出任何努力，他的眼里只有自己的利益。如果一位母亲不断地唠叨和指责自己的某个儿子，并明显地偏心于另外一个儿子，当那位受到轻视的儿子长大后，他会不信任所有女性，这会带来无法预料的后果。如果某个儿童遭遇了很多意外或罹患了多种疾病，他会认为世界充满危险，并会根据这个信念做出相应的行为。如果某个家族世世代代均对外部世界持焦虑与不信任的态度，那么这个家族里的人总会面临相似的、仅有细微差别的境遇。

　　显而易见，上述这些个体的认知与现实世界及社会需要相冲突。如果个体对自身及人生需求产生错误的认知，那么残酷的现实迟早会为其敲响警钟。要想解决这个冲突，个体必须具备社会情感。我们可将上述冲突的结果比喻为一次"触电"。失败者认为自身的生活风格对人生需求这项外部因素无法招架，即使在遭遇"触电"后，他也不会摈弃或改变自己的想法，他依然会追求个人优越感。他只会缩小自己的活动范围，排斥对其生活风格产生威胁的任务，逃避依照其行为动向无法解决的问题。然而，"触电"会影响他的身体与精神，会降低其仅有的社会情感浓度，增加其在生活中犯错的可能性。他可能会像精神症患者一样退缩，抑或误入歧途，走上反社会的道路。他依然会遵循旧有的行为动向，成为一个懦弱的人。基于上述案例，我们可清晰得知个体的"解释"的重要性，个体的"解释"是其世界观中的基本部分，决定了个体的思维、情感、意愿及行为。

第二章
研究生活风格的心理学方法

　　简言之，我们接受所有的方法与途径，以探索个体对待生活中的问题的态度，探索个体对人生意义的看法。个体对人生意义的解释十分重要，这是个体的思维、情感以及行为的"铅垂线"。有些个体形成了错误的行为动向，他们无法理解真正的人生意义。通过接受指导、教育及疗愈，个体可以缩短其错误的行为与真正的人生意义之间的距离。自远古以来，个体的独特性就已受到关注，这在不少古人的历史叙述及个人叙述中都有所体现，比如《圣经》、荷马（Homer）所著的《伊利亚特》（*Iliad*）与《奥德赛》（*Odyssey*）、普鲁塔克（*Plutarch*）所著的《希腊罗马名人传》（又称《对传》，*Parallel Lives*）、希腊及罗马的诗歌、中世纪挪威及冰岛的传奇故事（sagas）、童话故事、寓言及神话等，这些著作的作者对人格的了解非常深刻。在近代，诗人成为最了解个体生活风格的群体，他们将个体的生活、行为及死亡视为不可分割的整体，且不忽略个体在生活中遇到的问题，这种能力实在令人景仰。在历史的长河中，可能还有不少无名之辈，他们对人性也有着超凡的理解，并将这些宝贵的经验传授给其后代。这些无名之辈与赫赫有名的天才一样，他们都具备超凡的、深邃的洞察力，能深刻理解人类各种行为的主要动机以及动机之间的联系，这是他们的天赋，这种天赋来源于他们的同理心及浓厚的社会兴趣。比起普通人，他们具备更丰沛的社会情感，因此，他们的人生经验更加广泛，学识更加渊博，洞察力也更加深邃。他们能生动地描述个体无数的、细致的表达性动作（expressive movement），且其他人无须进行斟酌与权衡便能理解他们的描述。他们具备预测（divination）的天赋，拥有强大的影响力。通过推测，他们能看到藏匿于各种表达性动作背后的动机及动机之间的联系，也就是说，他们能看穿个体的行为动向。很多人将这种天赋称为"直觉"，认为它只属于最崇高的灵魂——事实上，它是人类所具有的最普遍的天赋，当面对混乱的生活以及充满不确定性的未来时，所有个体常常利用这种天赋解决问题。

由于生活中大大小小的问题总是层出不穷，且问题的形式常常变化，我们不能依赖"条件反射"这种单一的解决方法，否则，我们会不断陷入新的错误之中。生活中的问题千变万化，且这种变化是永恒的，我们不得不对自己提出崭新的要求，一再检验我们至今已形成的行为模式。就算只是玩纸牌游戏，单靠"条件反射"也是赢不了的。做出正确的推测是解决我们所遇到的问题的第一步，而要想做出正确的推测，我们必须成为一个合作者，与自己的同胞和谐相处，积极解决人类遇到的所有问题。不论是推测人类整体历史的发展，还是推测单个个体的命运，我们都要心系社会中所有事件的未来走向。

在受哲学掌管之前，心理学一直都是一门无伤大雅的艺术，对人性的科学认知源于心理学以及哲学人类学（philosophical anthropology）。在尝试将人类社会中的所有事件归纳为某个综合的、普遍的定律时，我们不能忽视个体的独特性。我们要了解所有个体的表现形式（expressive forms）的统一性，这种统一性是颠扑不破的事实。人性成了统领人类社会中的所有事情的基本定律，康德（Kant）、谢林（Schelling）、黑格尔（Hegel）、叔本华（Schopenhauer）、哈特曼（Hartman）及尼采（Nietzsche）等人都对某种无意识的动力展开探索，这种动力也可被称为"道德律""权力欲"或者"无意识"，他们在其中发现了某种深不可测的、充满未知的调节力。当人类活动取代了普遍规律时，反省（introspection）开始流行起来。通过反省，人类可以对精神活动及与精神活动相关的过程进行断言。然而，由于通过反省所获得的结果难以做到客观，这种方法很快便受到诟病。

在技术发展的时代，实验法获得广泛使用。在精心选择好实验装置及研究问题后，我们展开了很多实验，对感官功能、智力、性格（character）及人格（personality）展开研究。然而，实验法忽视了人格的连续性，在实验法中，要想再次看到人格的连续性，我们只能依赖推测。紧随其后，遗传学说开始崭露头角，它完全放弃考虑人格的连续性，认为拥有能力远远比使用能力重要得多。内分泌腺影响理论也忽略了人格的连续性，只关注深感自卑的特殊案例以及其为器官缺陷所做出的补偿行为。

随着精神分析学（psychoanalysis）的出现，心理学开始复苏。在精神分析学中，性欲（sexual libido）被视为人类命运的主宰者，无意识（the unconscious）成了充斥着痛苦的地狱，罪恶感（sense of guilt）成了原罪，天堂般的幸福是不存在的。为纠正对幸福的忽视，精神分析学增加了"自我理想"（ego ideal）这一概念，这与个体心理学中追求完美的"理想"目标如出一辙。通过解读个体的意识（consciousness），我们仍然能成功地探索个体的生活风格、行为动向及人生意义。然而，精神分析学的学者们沉醉于使用性欲的隐喻，对这种探索毫无兴趣。此外，被宠坏了的儿童的世界观已经霸占了精神分析学，"宠儿"们的心理结构成了精神分析学的常客，与人类进化相关的更深层次的精神生活却没有受到重视。精神分析学之所以获得了短暂的成功，是因为无数的"宠儿"们都乐于将精神分析学的观点视为普适的规则，他们由此可以更加坚定地遵循自己的生活风格。精神分析学专家们带着极大的热情和耐心发展精神分析技巧，不仅认为人类所有的表现性动作与症状都与性欲相关，还认为人类活动取决于内在的施虐冲动。个体心理学对第二种观点明确提出批判，那不过是"宠儿"们为了掩饰自己的怨恨而人为制造的观点。还有人尝试对第二种观点进行调整，将"内在的施虐冲动"视为"进化的冲动"。然而，从悲观主义的角度看，"死亡冲动"会取代"进化的冲动"而成为获得成就感的目标，这不是一种积极的调适，而只是人在弥留之际会产生的期望。

　　个体心理学坚定地拥护进化论的立场，将人类所有的奋进视为对完美的追求。人类对生命、物质与精神的渴望都不可避免地与对完美的追求紧密相连，就我们目前所知，"行为"（movement）是心理的表现形式。所有个体在生命早期都会选择特定的行为动向，并基于相应的行为动向及相对的自由，使用自己天生的能力、缺点及对周围环境的第一印象，每种行为动向的性情、节奏及方向都不同。完美的理想往往高不可攀，如果个体一直将现实的自己与完美的理想相比较，那么他会被自卑感占据。如果从"永恒的观点"及绝对正确性的立场审视人类的行为动向，那么所有的行为动向都是有缺陷的。

每一个文化纪元（cultural epoch）[1]都基于其丰富的思想与情感构建理想自我，时至今日，我们依然能在过往文化纪元所构建的理想自我中看到人类的精神力量，我们应对这种精神力量表示由衷的钦佩。基于这种精神力量，人类无数次构建了理想的社会生活。《圣经》中的"不可杀人"（Thou shalt not kill.）及"爱你的邻居"（Love thy neighbor.）应被视为最高指令，它们存在于各文化纪元的知识与情感中。它们与人类社会生活中的其他规则都是进化的产物，它们的存在就如人类的呼吸与直立行走一样自然，人类基于这些规则构建理想的人类社会，以实现进化的目标。它们为个体心理学提供了"铅垂线"，所有与进化相悖的目标与行为动向由此得到珍视，个体心理学成了一门"有价值的心理学"。就如医学科学一样，个体心理学通过研究和发现推动人类的进化，是一门"有价值的

---

[1] 文化纪元论（cultural epoch theory）是一种教育理论，主张个人的发展无论在道德或智能上均复演种族成长的各个阶段，故在教育上应了解儿童身心发展的情形，据此进行教育活动，并应撷取过去人类发展的经验，以帮助儿童成长。文化纪元论认为人类文化的成长呈阶段性的变化，如从渔猎文化到畜牧文化再到农业文化等。文化纪元论的主张在目前已不为学者接受，因为其理论基础没有获得人类学家、社会学家乃至生物学家的证实。

科学"。

不管是探讨个体还是集体，自卑感、奋斗及社会情感都是至关重要的三个方面，它们是个体心理学研究的基石。它们所代表的真相可能被忽视，或者以不同的言语表达呈现，这些真相可能被误解，或者遭遇吹毛求疵。然而，真相不可能被摧毁。要想对任何人格进行准确的判断，我们必须考虑到这些真相，必须查明个体的自卑感、奋斗及社会情感的状态。

在进化的压力下，很多文明社会得出了错误的结论，发展方向偏航，很多个体也是如此。在儿童成长的过程中，儿童会创造自身生活风格的精神结构，发展与生活风格相应的合适的情感。尽管儿童尚未理解自己行为背后的情感能力，但是这种情感能力已成为其在日常生活中所发挥的创造力的标准，同时也帮助儿童为应对生活做好准备。基于自己的主观印象及对成功与失败的片面认知，儿童为自己设定了某条道路及某个目标，并展望自己的未来。为了了解个体的人格，个体心理学的所有方法都考虑到了个体的优越感目标、自卑感强度及社会情感浓度。在进一步对这三者的关系进行审视后，我们可以发现它们都关系到个体的社会情感的性质与浓度。对此展开检验的方式与实验心理学中的测验或医学案例中的功能测试相类似，但是它与后两者也有区别，因为设置考验的主体是生活本身，由此可得知个体与生活中的问题的连接是否紧密。换言之，作为一个完整的人，个体不能切断与生活的连接，即不能切断与社会的连接。我们可由个体的生活风格窥见其对社会的态度，实验心理学中的测试只能顾及个体的部分生活，无法测出个体的性格或个体在社会中可能做出的成就。为了能了解个体的生活态度，就算是从格式塔心理学（Gestalt Psychology）[1]的角度分析，也需要借鉴个体心理学的观点。

如果要使用个体心理学的方法研究个体的生活风格，我们首先要了解何为生活中的三大问题及个体应如何应对这些问题。显而易见，要想解决这些问题，个体应具备充足的社会情感，与生活紧密连接，并具有与他人合作、相处的能力。如果个体缺乏合作能力，那么个体的自卑感会非常强烈，自卑感会以各种形式影响个体的生活，并招致相应的后果。逃避与"犹豫的态度"是首要的一种表现形式，患有"自卑情结"（inferiority complex）的个体出现相应的身体症状与心理现象，且其身体症状与心理现象相互影响。为了追求优越感，个体会无视社会情感的重要性，总是关注自己是否实现了征服的目标；个体会进行无休止的奋斗，试图以"优越情结"（superiority complex）取代"自卑情结"。如果对某个失败者的所有身体症状与心理现象进行透彻的分析，我们可将其准备不足的原因追溯至其童年早期。由此，我们能成功地获悉其一成不变的生活风格，并评估出这位失败者的社会情感浓度——很多失败者都不具备与他人建立联系的能力。由此可知，教育家、老师、医生及牧师的任务便是帮助个体提升社会情感浓

---

[1] 格式塔学派是心理学重要流派之一，兴起于二十世纪初的德国，又称为完形心理学。格式塔是德文Gestalt的译音，意即模式、形状、形式等，意思是指"动态的整体（dynamic wholes）"。格式塔学派主张人脑的运作原理是整体的，整体不同于其部件的总和。例如，我们对一朵花的感知，并非纯粹从对花的形状、颜色、大小等感官信息而来，还包括我们对花过去的经验和印象，加起来才是我们对一朵花的感知。

度，帮助个体变得更加勇敢。当个体了解其失败的真正原因，揭露了其强加于自己人生的错误意义，由此对人生意义有了更深刻的认知时，他会更加勇敢，其社会情感浓度也会得以提升。

要想完成这个任务，我们要对生活中的三大问题进行透彻的了解，要意识到患有自卑情结和优越情结的个体及在生活中不断失误的个体具备极低的社会情感浓度。咨询师必须经验丰富，要知晓所有可能对个体儿时的社会情感的发展造成阻碍的环境与情境。根据我自身的经验，要想探索个体的人格，就得了解个体童年早期的回忆，知晓其是家中的第几个孩子，了解其是否犯过孩子气的错误（如手淫、尿床等），分析个体的白日梦与夜之梦，并了解造成其疾病的外因。在进行详尽的调查时，不能忽略个体对待医生的态度。在调查完成后，要非常谨慎地对结果进行评估，且要根据其他既定事实对所得出的结论不断进行检验。

第三章

人生任务

在这一点上，个体心理学与社会学产生了联系。为了对个体的人格做出正确的评估，我们不仅要了解其生活中的三大问题的结构，还要了解个体为了解决问题所需完成的任务。通过了解个体对待这些问题的态度及其态度对其自身的影响，我们可知晓个体的本性。个体是否完成了自己的任务？还是犹豫不决、停滞不前，甚至试图逃避，并为这种逃避寻找借口？个体是否解决了部分的问题，并尝试找到全部的解决方法？还是对问题置之不理，为了追求个人优越感而踏上反社会的歧途？

生活中的所有问题可被分为三大类，即社交、工作以及爱情。显而易见，这些问题都不好对付，它们不断出现，强迫我们、挑战我们，让我们无处可逃。个体的生活风格影响其对待这三大问题的态度，而个体的态度又蕴含着其对这三大问题的解决方法。这三大问题联系密切，要想合理解决这些问题，就必须具备充足的社会情感。由此可知，个体对待这些问题的态度或多或少地能反映出其生活风格。在处理无须亟待解决的问题或处理容易解决的问题时，个体不会清晰展现自己的态度。当个体运用自己的资源应对更为严苛的考验时，个体才会清晰展现自己对待问题的态度。在面对涉及艺术及宗教的问题时，个体需要将应对三大问题的解决方法结合起来。这三大问题都源于某个不可分割的纽带，基于这个纽带，人类相聚在一起构建社会、工作谋生及抚养后代。我们生活在地球上，必须面对这些问题。人类是地球的产物，要想生存与发展，人类就必须与社会联合，为社会提供物质及精神财富，分担社会中的工作，勤勤恳恳，为人类的繁衍做出贡献。这对人类来说不是难事，因为人类在进化的过程中不断发展身心素质，已经做好了准备。为了克服人生中的困难，人类提出了很多经验、传统、指令及法律，它们不一定正确，也不一定持久，但它们都是人类奋斗的结晶。在现今的文明社会中，我们仍然在为了克服困难而奋斗，我们所取得的成果还远远不够。当个体或集体取得显著的进步时，他们的行为才会被看到。由此，我们可得出结论，在发展过程中，个体与集体的自卑感永远不会消失，进化之路没有终点，对完美的追求驱使着我们前进。

社会兴趣（social interest）是这三大问题的解决方法的共同基础，要想解决这些问题，个体必须具备充足的社会情感。有些人可能会冒险断言，认为如今所有个体都具备了充足的社会情感，由于人类的进化程度还不够，个体对社会情感的吸收还未能如人类呼吸或直立行走那般自然。只要人类在发展过程中保持积极，总有一天，所有个体都会具备充足的社会情感，对此我深信不疑。

为了解决三大问题，个体可能需要解决很多其他问题，这些问题包罗万象，或与朋友及同事相关，或涉及个体对国家、种族及人类的兴趣，或与良好的教养及良好的器官功能有关，或涉及个体在运动、学校及教学中的合作，或与对异性的尊重及对伴侣的选择有关，或涉及为了解决所有问题应具备的身心素质。自个体出生，他们就开始为解决这些问题做准备了。在母爱的进化过程中，母亲是最适合陪伴儿童体验与人类相处的伙伴。当个体在社会情感的发展道路上启航时，母亲是个体接触的第一个人类，母亲会在儿童最早期影响儿童发展社会情感的冲动，这会影响个体是否能在人类社会中活出自己的人生，是否能与其他人类建立恰当的联系。

从母亲这方面来说，如果她用不得体的、笨拙且无知的方式教导儿童，让儿童难以与他人沟通，如果她没有充分意识到自己在儿童人生中的重要作用，并误导儿童放弃帮助他人或与他人合作，溺爱儿童，对儿童无微不至，在行为、思考及言语方面都替儿童包办，剥夺儿童发展的可能性，让儿童活在一个与现实完全不同的世界里，那么只需极短的一段时间后，儿童便会认为自己是世界的中心，并认为所有与其习惯的世界相悖的人和事都是对他不利的。儿童会自由地做出自己的判断，充分利用自己的创造力，这会带来多种多样的结果，我们不能低估这些结果。儿童容易受外界影响，并将外界影响塑造成自己思维的一部分。如果母亲过于溺爱儿童，儿童就会拒绝将自己的社会情感延伸到其他人身上，他会远离他的父亲、兄弟姐妹以及那些不如他母亲那般宠爱他的人。在构建生活方式及追寻人生意义的过程中，如果儿童深信自己在他人的帮助下便能轻易得偿所愿，那么当他长大后，在面对生活中的问题时，他会感到无所适从。他的社会情感浓度太低了，在面对生活中的问题时，他会感觉受到冲击，这种冲击对他造成的影响可大可小，他会因此在问题面前束手无策。被溺爱的儿童认为母亲在任何情况下都应护他周全，这是他享受优越感的方式，为了能轻易地享受这种优越感，他放弃发展自己的其他功能。这些儿童可能是出于反抗的心理放弃发展其他功能，即这些儿童的性情阴晴不定，夏洛特·布勒（Charlotte Bühler）[1]将儿童的反抗描述为其自然发展的必经阶段。根据个体心理学的观点，儿童的反抗心理源于社会兴趣的缺失。在探究儿童便秘和尿床的原因时，很多心理学家尝试从性欲或施虐冲动的角度分析，深信能揭露儿童的精神生活中更原始或更深层的部分。然而，这是本末倒置的做法，因为他们误解了这些儿童的本性；换言之，他们认为这些儿童犯错的原因在于缺爱。此外，他们误认为儿童需要后天习得器官的功能，忽视了器官的功能是进化而来的。对于人类来说，器官功能的发展是一种自然规律，就如说话或直立行走一般自然。在"宠儿"们想象的世界中，器官的功能是多余的，乱伦也是可以被接受的，这体现了他们对被溺爱的渴望，剥削他人是他们的目标。当他们无法如愿以偿时，他们便会进行报复与控诉。

　　被宠坏了的儿童执着于满足自己的所有愿望，且他们有无数种拒绝改变的方式。当他们的愿望可能无法得到满足时，他们会做出反抗，以更主动或更被动的方式达到自己的目的。不管他们如何选择，他们的活动程度（degree of activity）及外界影响决定了他们的态度。这些成功的经验会变成一个模式，当他们在日后遇到类似的情况时，他们会忠于已形成的模式。

---

[1] 夏洛特·布勒（Charlotte Bühler），发展心理学家，是人本主义心理学的倡导者之一。

很多心理学家没有正确地理解这种现象，错误地将其称为"退行"（regression）[1]，甚至在这种推测的基础上深入研究。人类在进化过程中会习得某些情结（complex），这是无法撼动的事实。然而，很多心理学家尝试将这些情结追溯至人类发展的原始时期，并发现不同年代的情结有不少相似之处。人类言语匮乏，不同年代的表达形式都是类似的，这个事实误导了大多数心理学家。当他们尝试将人类所有的行为模式与性欲联系起来时，他们不会有任何新颖的发现。

我说得很清楚，当那些被宠坏了的孩子踏出自己的"舒适圈"时，总会觉得自己受到了威胁，认为自己腹背受敌。他们极度自爱与自恋，他们所有的性格特征都与其人生意义相协调。显而易见，他们的性格特征都是后天习得的，都是人为的产物，他们并不是天生如此。个体的性格特征源于其构建的生活风格，显示了其社会关系的状态，这与所谓的"性格学家"的观点是截然不同的。人是"性本善"还是"性本恶"呢？这个长期存在的争论终于可以得到解决了。在人类进化的过程中，社会情感的不断增长是不可抵挡的，人类的存在与"美德"（goodness）紧密相连。任何与美德相悖的人事物都是进化失败的产物，我们可将进化失败的原因追溯至其所犯下的错误。当面对变幻莫测的外部世界时，有些个体会适应变化，有些个体则会适应不良，他们会形成勇敢、高尚、懒惰、恶毒或

---

[1] 退行（regression），也被称为退化感情、倒退、回归，是一种心理防御机制，指成年人在遇到特殊情况，如巨大的打击或严重焦虑时，有意识或者无意识地表现出与自己现阶段年龄不相符的不恰当行为。其目的是通过幼稚的行为让自己能够受到别人的关注或者得到别人的帮助，从而使自己处在一个相对安全的环境，以使自己提出的要求都能得到满足。

忠诚等品质，这些品质都依附于外部世界而存在。

当个体在童年时期被溺爱或受其他因素阻碍时，其社会情感的发展会随之受阻。在考虑这些阻碍时，我们必须再次排除任何基本原则、指导原则及因果律的干扰。因为这些原则只会误导我们，让我们从统计概率的角度思考问题。此外，每个个体的表现（manifestation）都是独特的，人类的表现丰富多样，我们应谨记这一点。儿童随心所欲地运用自己的创造力，构建自己的行为动向，形成自己的个性。当儿童被忽视或受到器官缺陷的困扰时，其社会情感的发展也会受阻。这两种情况和被溺爱一样，都会影响儿童对"群居"（living together）的看法和兴趣，让他们只关注自己所遇到的危险及自身的幸福。而要想成功应对危险并收获幸福，个体就必须具备充足的社会情感，我会在后续章节中进一步证实这个论点。如果个体不适应地球上的生存环境，或者无法与生存环境和谐相处，那么他的生活将举步维艰。

被溺爱、被忽视及受器官缺陷的困扰是儿童发展社会情感的三大阻碍，当儿童运用自己的创造力尝试克服这些阻碍时，他们能取得不同程度的成功。他们能否克服阻碍取决于其生活风格及其生活态度，而他们对自身的生活风格或生活态度知之甚少。如果我们肯定统计概率的作用，认为其决定了个体面对这三大阻碍时的反应，那么我们就需要证明生活中大大小小的问题都受某种统计概率的影响。生活中的各种问题会让个体遭受冲击，以测试个体面对问题时的态度。基于这个观点，某些个体会底气十足地预测自己面对问题时会做出的反应。然而，只有被结果验证了的假设才是正确的，我们要谨记这一点。

个体心理学与其他心理学方法不同，它能基于经验及概率对过去进行推测，这是个体心理学的强有力的科学基础。

生活中还有很多和三大阻碍相比较为次要的问题，我们同样需要对这些问题进行研究，个体是否需要具备充足的社会情感才能解决这些问题呢？其中，儿童对父亲的态度是最重要的问题之一。正常来说，儿童对父亲与母亲的兴趣和态度应是差不多的，然而，外部环境、父亲的人格、母亲对儿童的溺爱、儿童罹患的疾病及其器官缺陷都会影响父亲与儿童之间的感情。当儿童患病或遭受器官缺陷折磨时，母亲常常是贴身照顾儿童的那一方。这些因素都会让父亲与儿童之间疏远，这不利于儿童发展社会情感。如果父亲粗暴地介入母亲与儿童之间，试图制止母亲对儿童的溺爱，那么儿童与父亲之间只会变得更加疏远。此外，有时母亲会不自觉地想被儿童宠爱，这也会对父亲与儿童之间的感情产生负面影响。如果父亲是溺爱儿童的那一方，儿童则会与父亲更亲近并疏远母亲。在母亲的溺爱下，儿童会与母亲非常亲近，逐渐成为一个"寄生虫"，指望母亲满足他所有的欲望，且母亲偶尔会成为他的性幻想对象。当他们的性本能觉醒时，他们认为自己没必要放弃任何享受，并希望母亲可以满足自己的所有渴望。弗洛伊德（Freud）提出了"俄狄浦斯情结"，并将这种情结视为人类精神发展的自然基石。然而，那不过是"宠儿"们生活中的一部分，他们对自己的幻想感到兴奋，却又不知如何满足幻想。此外，弗洛伊德以"俄狄浦斯情结"为基础创建了一个分析系统，非常狂热地将儿童与其母亲的关系归于这个分析系统中。作为个体心理学家，我必须对此提出反对意见。很多心理学家认为父亲与女儿之间及母亲与儿子之间存在着性吸引力，这看上去似乎有道理，然而，这种假设是站不住脚的。不过，乱伦案例的确存在，但很多乱伦并不是由溺爱导致的，我们可以由此看到儿童对其未来的"性角色"的理解，儿童基于这个理解为未来生活做准备。儿童以玩乐的态度为未来做准备，没有刻意训练自己的性本能。如果儿童性早熟或性成瘾，那他一定是一个以自我为中心的人，通常来说，这类儿童自小受宠，不会放弃任何享受。

儿童在家中的排行会影响其与他人建立联系的能力，我在前文中提及了被忽视的儿童、被溺爱的儿童及受器官缺陷困扰的儿童，这三类儿童都倾向于认为家中的兄弟姐妹会阻碍和限制其影响力，他们会尤其防备自己的弟弟妹妹。这种错误的"敌意"会带来多种多样的影响，儿童时代处于易受影响的、可塑性强的时期，这种"敌意"会留下非常深刻的影响，这种影响甚至会伴随其终身。长大后，他们会热衷于竞争，支配欲旺盛，或者会对自己的兄弟姐妹百般照顾；此外，儿童在竞争中的成败也会影响其性格的发展。对于被宠坏了的儿童来说，被弟弟妹妹取代是其一辈子的阴影。

我们还应关注罹患疾病的儿童，了解其对自身疾病的态度。当儿童患病时，尤其是病情严重时，他们会非常关注父母的行为。如果儿童患上了佝偻病、肺炎、百日咳、圣维特斯舞蹈病[1]、猩红热或头疼等疾病，并留意到父母不小心流露出了焦虑情绪，那么他们会夸大自己的病情，趁此机会形成享受溺

---

[1] 圣维特斯舞蹈病，一种因感染链球菌的神经失调性疾病，表现为面部肌肉及四肢的不由自主动作及情绪的不稳定。

爱的习惯。此时，儿童不需要进行任何合作便可以享受被全然关注的感觉，这会让儿童爱上生病与抱怨。当儿童康复后，如果父母停止了对儿童的溺爱，儿童会不服管束，经常会称病，时常抱怨太累或食欲不振，或无缘无故不停地咳嗽。很多人认为儿童在康复后的这些表现是后遗症，这种想法是错误的。这些儿童终其一生都会对父母的溺爱念念不忘，并认为自己理所当然应被溺爱，且自己犯错也是情有可原的。在这些情况下，儿童与外界的接触不足，他们会以这些经验为理由，安心地一直待在寻求溺爱的情绪中。

儿童的合作能力可在多方面体现，具有合作能力的儿童在家中承担责任、在游戏中扮演好自己的角色，并能与他人和谐相处。我们还可观察儿童进入幼儿园或学校学习的情况，儿童对上学是否感到兴奋？他是否抗拒上学？他在学校合群吗？是否对学习有兴趣？是否能专注？是否做了很多不利于学习的事情？是否迟到、捣乱、逃课、不断丢失书本与铅笔或耗时间不写作业？如果儿童表现出了上述症状，那么他们的合作能力还需进一步提高。在这种情况下，也许儿童不自知，其实他们深感自卑。要想理解他们的心理过程，我们就必须意识到自卑感的影响。根据前文对儿童的强烈的自卑感的描述，我们可总结出自卑情结的表现形式，包括害羞、焦虑及相应的身体与精神症状。这些儿童还可能表现出以自我为中心的优越情结，他们可能爱争吵、爱扫兴或缺乏交际能力等，而且他们非常懦弱，缺乏勇气。当傲慢的儿童尝试承担责任，去做有用的事情时，他们会表现出懦弱。他们表里不一，深受被剥夺感的困扰，为了补偿自己，他们会在私下里产生偷窃的想法，这会对其他人造成伤害。此外，他们还会不停地与其他能力更强的儿童比较，这对他们的发展并没有帮助，会让他们逐渐削弱自己的合作能力，减少其在学校的成功率。显而易见，儿童去上学便是接受对其合作能力的测验，学校能对儿童的合作能力做出正确的判断，帮助儿童增加合作能力，确保儿童在毕业离校后不会成为社会的敌人。当我意识到了这一点后，我在各学校设立了个体心理学咨询委员会，帮助老师找到合适的方法提高儿童的合作能力。

　　毫无疑问，儿童的社会情感浓度决定了他们能否在学校中取得成功。通过观察儿童在学校的社会情感浓度，我们能了解儿童在长大后参与社会活动时的生活模式。儿童体验的友谊会影响其日后与他人共同生活的能力，儿童在学校能与同学合作完成任务吗？他们是否忠诚、可靠并乐于合作？他们关心国家、民族及人类的福祉吗？在专家的培养下，儿童能在学校生活中发展上述能力与品质。学校能唤醒与培养儿童的同理心，如果老师们也熟知个体心理学的观点，那么他们将能与儿童进行友好的对话，让儿童意识到自身社会情感的缺乏，指导其找出原因并克服障碍，以帮助儿童发展社会情感。在与儿童唠家常的过程中，老师们能让儿童意识到社会情感的重要性，社会情感的增加能让个体的未来及人类的未来都更加美好。缺乏社会情感的个体会用错误的方式解决问题，他们可能会犯下大错，可能被处死刑，或陷于种族仇恨、憎恨他人，或患上神经症，或自杀、犯罪或酗酒等，这些都是自卑情结的表现。

　　儿童们也开始关注性的问题，性的问题让他们感到困惑。然而，那些懂得合作的孩子不会被这个问题困扰，他们习惯将自己视为整体的一部分，能坦然地将自己的困惑告知父母或老师，以寻求建议。有些儿童在家庭生活中曾感受到被威胁，他们很容易被别人的奉承误导，那些被宠坏了的儿童尤为如此。父母应为儿童解释有关性的问题，儿童有权为自己的疑问探索答案，父母要选择合适的方式与儿童进行沟通，以确保儿童可以理解和吸收相关知识。父母不要故意拖延，但也不能操之过急。当儿童在学校时，他们不可避免地会谈及有关性的问题。独立自主、放眼未来的孩子会拒绝下流的东西，不会相信愚蠢的言论。当然，那些引导儿童恐惧爱情与婚姻的言论绝对是错误的，只有那些不自信的"寄生虫"才会接受那些言论。

　　青春期（puberty）被很多人视为一个"未解之谜"，处于青春期的个体具备某些尚未被唤醒的力量，如果他们缺乏社会情感，那么他们会在青春期犯下各种错误，我们可由此反观他们是否具备良好的合作能力。处于青春期时，个体具备更广阔的行动空间，具备更强大的力量，并急于使用自认为合理的或对其有吸引力的方式证明自己已经长大了，不过，仍然有少数个体会急于证明自己还是个孩子。此时，如果个体的社会情感发展受到阻碍，那么他会非常不合群。许多处于青春期的个体希望自己被当成成年人，他们会犯成年人才会犯的错误，但不愿去学习成年人的美德，因为犯错比为社会服务更容易。他们很容易成为行为不端的人，那些被溺爱的孩子更是如此，他们习惯于自己的要求能立刻得到满足，难以抵制任何形式的诱惑。他们很容易成为被捧杀的对象，容易成为虚荣之辈。当女孩子处于青春期时，如果她们在家中被轻视，或只在被奉承时才有自我价值感，那么她们会变得十分危险。

　　当个体由幕后人员转为前线人员时，为了生存，个体需要面对三大问题，分别涉及社会、工作和爱情。要想解决这些问题，个体就必须对他人具有浓厚的兴趣。此时，那些为社会合作所做的准备就派上了用场，这决定了个体能否找到解决方法。我们会发现很多个体不合群、爱猜忌、喜欢幸灾乐祸、极度虚荣、超级敏感，或者在与他人会面时极度激动，或会怯场、撒谎、诈骗、造谣诽谤等。那些受过合作教育的人比较容易结交朋友，会对所有可能影响人类的问题感兴趣，并会调整自己的立场和行为以造福人类。他们不会为了达到这一目的不择手段，或哗众取宠。他们对社会一直抱有善意，当了解到某些人可能对社会造成危害时，他们会表示抗议，毕竟即使最仁慈的人也会藐视某些人、事、物。

　　我们生活在地球表面，必须进行劳动及做好劳动的分工。具备社会情感的个体乐于与他人合作，会照顾他人的利益，他们不会质疑"每个人都有权得到劳动报酬"这个事实，并认为剥削他人的生命和劳动并不能帮助人类谋福祉。我们伟大的祖先创造了巨大的成就，为人类的福祉做出了巨大贡献，子孙后代基于这些丰功伟绩而生存。宗教和杰出的政治系统都体现出了伟大的社会思想，这些社会思想指导着生产与消费的合理分配。鞋子制造商通过生产鞋子来提供自己的价值，他有权过上体面的生活，享受良好的卫生条件，让自己的孩子得到受教育的机会。他因为自己的工作得到报酬，这体现了他在发达的贸易时代的价值。通过这种方式，他体会到了对社会的价值感，这是唯一能减轻人类的自卑感的方法。个体应在自我发展的社会中从事产生价值的工作，并促进社会的发展。虽然个体与社会之间的这种联系常不被重视，但是这种联系是非常强的，它是判断个体是否勤奋的标准。没有人会认为懒惰是一种美德，在当今社会，当某个个体因为社会危机或生产力过剩而失业时，他的失业已能得到普遍理解。有些人是因为害怕失业者对社会造成威胁而理解他们的失业，有些人则是基于自身的社会情感而表示理解。此外，无论生产方式与财富分配在未来如何变化，无论这些变化是在武力中发生还是在双方同意时发生，我们都必须更充分地认识到社会情感的力量。

当与人相爱时，我们会在身体及精神上感觉非常富足，我们的社会情感浓度决定了爱情的走向。爱情不同于友情或亲情，爱情是两个人的任务，个体与某个异性在一起，考虑抚养后代、繁衍人类。在大大小小的人生问题中，爱情与人类的福祉与繁荣联系最紧密。爱情需要两个人的付出，如果只有一方努力，这样的爱情必然会失败。为了找到合适的解决方法，双方都需要抛开自我，为对方奉献所有，同甘共苦。我们在友谊中也需要付出，在跳舞或进行体育活动时，或在需与另一个人使用同一乐器完成演奏时，我们都需要考虑别人的感受。要想经营好爱情，我们不能计较双方的付出是否对等，不能互相猜忌，也不能有敌对的想法或感受。此外，生理上的互相吸引是爱情的本质，基于进化的本质及其对个体的影响，生理吸引力会影响个体对伴侣的选择。

人类在不断进化，我们的审美意识会推动人类的发展，因为我们常有意或无意地设想出理想的终身伴侣。相爱的两个人是平等的，这是明摆着的事实，然而，很多夫妻都不明白这一点。此外，相爱的两个人还应互相奉献。不少男人和女人将这种互相奉献的情感理解为一味地顺从，如果爱情中的任意一方坚持以自我为中心，追求优越感，那么两人的爱情不会顺利，且无法做到互相奉献。个体应为完成这项需两个人合作的任务做好准备，要意识到在爱情中双方的地位是平等的，且要具备为对方付出的能力。如果个体做不到这一点，那么他必然缺乏社会情感，且会在爱情中遭遇挫折，他会因此让自己永远陷于爱情与婚姻的烦恼中，并希冀从解决烦恼中寻求慰藉。一夫一妻的婚姻制度是一种最佳的进化适应（evolutionary adaptation），婚姻是人类发展过程中的一个任务，而非发展的终点，个体应基于永恒的愿景做出进入婚姻的决定，因为这将长远地影响自身后代及人类的福祉。如果我们犯了很多错误，在爱情中缺乏社会情感，我们可能无法在地球上繁衍后代，也无法为地球创造文化成就，这样的未来令人沮丧。滥交、嫖娼、性反常或裸体崇拜都是对爱情的轻视，它们剥夺了爱情的庄严与荣耀，让爱情失去了美学的魅力。当个体拒绝进入一段持久的婚姻关系时，怀疑及不信任的种子会在两人的关系中生根发芽，双方都无法全心全意地为对方付出。纵观所有不幸福的婚姻及所有拒绝为对方合理付出的爱情，虽然每个案例各有各的不幸，但是所有案例中的个体普遍缺乏社会情感。对这些个体来说，要想幸福，他们就必须纠正自己的生活风格。如果个体轻视爱情，缺乏社会情感，并纵情滥交，那么他极有可能感染性病，这会导致其家族及种族的灭绝。既然这世上不存在任何一成不变的人生规则，那么分手或离婚都是情有可原的。当然，并不是所有个体都能对自身情况做出正确的判断，个体应求助于经验丰富的心理学家，以获得对自身社会情感浓度的正确评估，并根据他们的建议做决定。控制生育的问题在当今时代也引起了很大的骚动，既然人类已经完成了繁衍后代的任务，毕竟如今人口已经多得像海滩上的沙子一样不可胜数，那么我们对无数后代的社会情感浓度不必有过于严苛的要求。科技取得的巨大发展取代了人力，这造成劳动力过剩的问题，人们不再那么需要合作者了，社会环境并没有为人类的进一步繁衍创造有利条件。母亲们的福利与健康得到了关注，我们的文明日益发展，推翻了限制女性发挥创造力及聪明才智的高墙。如今，科技得到发展，所有男性与女性都拥有更多可用于消遣的时间，他们可以享受文化的熏陶，或休闲娱乐，也让他们有更多时间教育孩子。随着时代的发展，可用于消遣的时间会越来越多，如果个体能合理利用这些时间，那么其自身及其家人都能因此受益。基于这些事实，我们可知爱情的任务之一便是繁衍人类，除此之外，爱情还被赋予了一个更高层次的使命，即增加个体的愉悦感，这将促进人类福祉的发展。这种进化一劳永逸，展示了人类与动物的区别，任何法律与规章都无法约束这种进化进展（evolutionary advance）。女性应掌握生育的话语权，在与其他人详细磋商后，女性应自己拿主意，决定自己的孩子的数量。当女性决定堕胎前，除了咨询医生外，还需咨询专业的心理顾问，以最大限度地保护好自己与胎儿。心理顾问会反对任何无根据的堕胎理由，而当理由正当时，他们会支持女性堕胎的决定。在特殊情况下，女性可在特定机构进行免费堕胎。

在选择人生伴侣时，除了考虑身体及思维上的合适度和吸引力外，还应考虑以下几种品质，即维护友谊的能力、对工作投入的能力及给予伴侣关注的能力。我们可通过这些品质反观个体的社会情感浓度。

某些女性害怕生育，自私可能是这种恐惧的源头。她们会以多种形式展现对生育的恐惧，然而，恐惧的底色是社会情感的缺乏。例如，一位被宠坏了的女性想继续在婚姻中被溺爱，或者只考虑自己的身材样貌，害怕并夸大怀孕及养育孩子对其外形的负面影响。有些女性希望保持自身魅力，以防止丈夫出轨，还有些女性陷于毫无爱意的婚姻中，她们都会抗拒怀孕及养育孩子。此外，由于"男性钦羡"（masculine protest）[1]的影响，女性会拒绝履行作为妻子的职责并拒绝生育，这是女性对自身性别角色的抗议，这类女性常受月经问题或性功能障碍的困扰。在很多家庭中，女性被视为次要的角色，且在人类的文明社会中，女性常被分配在从属地位，这些都是"男性钦羡"产生的原因。因此，很多女性会在心理层面进行自我防御，由月经问题引起的一系列麻烦便是其防御的结果，这也说明她们还未具备良好的合作能力。个体的"男性钦羡"会有多种表现形式，有些女性会渴望扮演男性的角色，女同性恋由此产生。她们为自己"只是一个女孩"（only a girl）感到自卑，并将这种自卑情结发展为优越情结。

除了爱情，工作与社会生活也能检验个体是否具备充足的社会情感。有些年轻人将自己与社会的诉求完全隔离开来，这无疑是最缺乏社会情感的表现。德国精神病学家克雷奇默

---

[1] 男性钦羡（masculine protest），又称男性抗议，是阿德勒首创的心理概念，指不论男性还是女性，都希望自己强壮有力，以对自己不够男性化做出补偿。

（Kretchmer）曾发现个体的心理疾病与其器官缺陷密切相关，尽管他没有考虑到器官缺陷对个体生活风格的影响，但他的结论与我的研究结果互相补充，器官缺陷会对个体的成长产生重大影响。为应对外部世界，个体应具备合作能力，而合作能力不足的个体更容易成为神经症（neurosis）患者。同时，自杀率不断上升，自杀是对人生任务的彻底逃避，选择自杀的个体对人生任务充满怨恨，并通过自杀表示对人生任务的彻底谴责。此外，面对无法回避的问题，缺乏社会情感的个体难以抵抗酗酒或吸毒的诱惑，这是逃避社会需求的方式。经验丰富的心理咨询师非常了解他们，他们极度渴望被溺爱，希望不劳而获。很多行为不端的个体在工作中缺乏社会情感，勇气不足，他们自童年时期便是如此。很多个体还会表现出性反常（perversion），他们自认为这是遗传的结果，很多心理学家也认为性反常是天生的，或者是受某些人生经验影响而导致的结果。事实上，这些个体不过是走错了方向，性反常是缺乏社会情感的表现，且他们社会情感的缺乏还清晰地体现在其本性的方方面面。

此外，个体的社会情感浓度还会面临多种考验，他能否经营好婚姻关系？能否管理好企业？当失去挚爱时，他是否会感觉自己失去了全世界，是否会因此与世隔绝？当失去财产或经历任何形式的沮丧时，他能否调节自己，与社会的步调保持一致？那些被宠坏了的人是做不到这一点的。人类有时会为消除某些不利条件而共同努力，然而，有些个体对那些不利条件的消失感到困惑，他们拒绝与社会合作，并踏上反社会的歧途。

对变老和死亡的恐惧也是对个体的社会情感的考验，然而，那些有孩子的个体及对人类文明做出了贡献的个体会更加淡然，他们相信自己能"长生不老"。很多人对彻底毁灭心怀恐惧，这通常表现为身体状况的迅速恶化和精神崩溃。传说中的更年期十分危险，这让不少女性深感困惑。很多女性认为自己的价值在于青春与美貌，而非合作能力，当迈入更年期时，她们会极其痛苦。她们会被某种敌对情绪淹没，自我防御，仿佛受到了不公正的攻击，她们会因此感到沮丧，甚至患上抑郁症。毫无疑问，在如今的文明社会中，老年人没有得到应有的重视。他们应有机会为自己创造与人合作的机会，这是他们的权利。然而，老年人的合作意愿并不强，他们夸大了自己的重要性，坚持认为自己懂得比别人多，并且喋喋不休。他们成了其他人发展路上的绊脚石，并营造出了充斥着恐惧的气氛。

在积累了一定的人生经验后，我们应带着同理心进行沉着的反思，在人生路途中，我们会遇到很多问题，我们的社会情感会因此受到考验。如果我们不能解决问题，就会被问题淹没。

第四章
关于身体与灵魂的问题

当提及人的"身体"（body）时，我们常将某个身体视为一个整体。基于这个观点，我们可将原子（atom）与活细胞（living cell）相比较，两者都有能力将某个整体分成不同的部分，也有能力塑造新的"部分"，两者的内部活动形式及外在活动形式都没有本质分别。不过，活细胞需要进行新陈代谢，而原子可以自给自足，这是两者最大的区别。电子（electrons）也一直处于活动状态中，它们不可能静止。弗洛伊德曾提出"死亡冲动"（death-wish）的理论，认为人类追求静止状态，这种说法不符合自然法则。活细胞通过吸收与排泄促进自己的增长，以保留现有的存在形式，并为实现理想而奋斗。

如果某个活细胞被放置于一个理想的生存环境中，它可以毫不费力地自我保护，那么它永远不会进化。当然，这种理想的生存环境几乎不存在。面对有形或无形的困难和压力时，所谓的"生命过程"（life-process）必然会被迫寻找某种宽慰。阿米巴虫（amoeba）[1]的变种无数，在自然界中，变异

---

[1] 阿米巴虫（amoeba），是一种单细胞原生动物，仅由一个细胞构成，可以根据需要改变体形，因而得名变形虫。

（varieties）并不稀奇。有些个体更容易成功，他们的境况能帮助他们进化，使他们更容易适应周围的环境。数十亿年前，地球上就存在生命的痕迹了。在历史的长河中，人类由最简单的细胞进化而来，在这个过程中，很多生物无法抵御来自环境的攻击与压力，它们因此消亡了。

这与达尔文（Darwin）及拉马克（Lamarck）[1]的基本观点相吻合，生命过程是一场斗争，在进化的过程中，个体最终的目标在于适应外部世界的需求。不完美的器官及其功能缺陷会持续受到外界因素的刺激，如果器官及其功能适应了外部世界，这代表那些刺激是有效的，个体也成功实现了进化的目标。

人类依赖外部世界而生存，而外界会不断提出新的需求，让人类不断面对新的问题，因此，人类的奋斗之路没有终点。在这场斗争中，我们还需发展自己的灵魂（soul）、精神（spirit）、心智（psyche）及判断力（reason），即所谓的"精神力量"（psychical power）。尽管我们基于超验主义（transcendentalism）[2]去理解精神力量，但灵魂是生命过程的一部分，它与活细胞的母体具备类似的根本特征。它们都不断努力，游刃有余地解决外界的需求，克服对死亡的恐惧，为实

---

[1] 拉马克（Lamarck），法国博物学家，最先提出生物进化的学说，是演化论的倡导者和先驱。他在《动物哲学》中提出了用进废退与获得性遗传两个法则，认为这既是生物产生变异的原因，也是生物适应环境的过程。拉马克是进化论的开拓者，达尔文是进化论的奠基者。

[2] 超验主义（Transcendentalism）强调人与上帝间的直接交流以及人性中的神性，具有强烈的批判精神，主张人能超越感觉和理性而直接认识真理，认为人类世界的一切都是宇宙的一个缩影。

现理想而奋斗。通过进化，它们会让自己的"身体"也做好准备，与同类互相帮助，以追求优越感、完美及安全感。灵魂的发展过程与身体的进化过程类似，要想克服外界的困难，就必须以正确的方式解决发展过程中遇到的问题。有些个体的身体发展或精神发展不恰当，他们会采取错误的解决方式，他们无法面对失败，可能会因此被淘汰或者被灭绝。他们的失败不仅会影响其个人，还会伤害其子孙后代，让其家庭、部落、民族和种族都陷于更大的困难之中。如果个体在进化过程中能克服困难，那么他们会取得成功，会具备更强大的抵抗能力。植物、动物及人类都会进行"自我清洁"（self-cleansing），这个过程是残酷的。具有一定抵抗能力的个体可以暂时经受住考验，我们在身体层面进行斗争，以维持平衡的状态，顺利地解决外界的需求。如果只关注身体，那么我们会依赖"身体的智慧"。然而，我们的精神过程确实依附于身体的智慧，以成功解决外界的问题，不断地积极维持身体与思维的平衡。当个体进化到某个阶段时，这种平衡会受到限制，追求优越感成了个体的目标，这在个体的生活风格及行为动向中会有所体现。

因此，战胜困难是生命的法则，为了自我保护、追求身体与精神的平衡、促进身体与精神的进化以及追求完美，人类一直在斗争。为了自我保护，我们会回避危险，繁衍后代，以希冀让自己的肉体得以延续。此外，我们还会与同僚合作，以促进人类社会的发展，每个个体都能为上述目标做出贡献。

人体内部的各个部位能同时被维护，同时完成相应的功能，且能互相补充，这是进化的奇迹。伤口流血时，血液会自动凝固，人体要求摄入足够的水分、糖分及蛋白质以维持生命体征，血液与细胞会再生，内分泌腺会积极运作，这些都是进化的成果。基于这些成果，人类有能力抵御外界的伤害。这种抵抗能力之所以能得以维持和加强，得益于不同种族间的血脉混合，由此可减少人类的缺陷，维持并增强已有的优势。此外，个体积极融入社会也能促进人类的进化。为了人类共同体的发展，乱伦（incest）的消失是理所当然的。人类精神上的平衡不断受到威胁，在追求完美的斗争中，人总是处于一种精神激越的状态，在实现完美的目标前，容易被无力感裹挟。在个体的奋斗之路上，只有感到满意时，他才敢休息，才会有价值感及幸福感，而且他很快又会制定新的目标。由此可知，作为人类，我们永远都会有自卑感，这种自卑感驱使我们不断征服新的目标。不同的个体会追求不同的完美目标，因此，通往胜利的道路千差万别。当个体的自卑感越强烈时，其征服的欲望会更强烈，他的情绪也会更激动，而情绪波动会影响身体的平衡。人体的自律神经系统（autonomic nervous system）[1]、迷走神经（vagus nerve）[2]及内分泌系统（endocrine）[3]会因此受到影响，血液循环、激素分泌、肌肉张力及其他所有器官也会因

---

[1] 自律神经系统（autonomic nervous system），又称植物神经系统，与躯体神经系统共同组成脊椎动物的周围神经系统，所谓"自律"，是因为未受训练的人无法靠意识控制该部分神经的活动。自律神经系统控制体内各器官系统的平滑肌、心肌及腺体等组织的功能，如心脏搏动、呼吸、血压、消化和新陈代谢。

[2] 迷走神经（vagus nerve）属于混合性神经，是人的脑神经中最长和分布最广的一组神经，含有感觉、运动和副交感神经纤维，支配呼吸系统、消化系统的绝大部分和心脏等器官的感觉、运动和腺体的分泌，因此，迷走神经损伤会引起循环、呼吸及消化等功能失调。

[3] 内分泌系统（endocrine）由分泌激素的无导管腺体（内分泌腺）所组成。人体内部有维持恒定现象的机制，这有赖于内分泌系统和神经系统共同运作。

此发生变化。这些变化是自然现象，且持续的时间非常短暂，每个个体的生活风格不同，他们所经历的"变化"也会有差异。然而，如果上述变化持续影响个体，那么他会患上功能性神经症，这与精神官能症（psycho-neuroses）类似，我们可将个体患病的源头追溯至其生活风格。当个体因为强烈的自卑感而遭遇失败时，他会倾向于逃避问题，并表现出相应的身体及心理症状，以展示自己受到了冲击，为自己的退缩找借口。由此看来，个体的心理过程会对其身体造成影响，他也由此遭受到多种心理挫折，这不利于社会的发展。

　　同样，身体状态也会影响心理过程。根据个体心理学的观点，个体的生活风格在其童年早期便形成了，且其先天的身体条件对其生活风格影响巨大。儿童在探索世界的过程中检验其器官的有效性，他可能无法用言语表达这种体验，甚至对这种体验还不甚了解。环境对每个儿童的影响截然不同，我们无法了解儿童对其自身行动能力的感知。基于极度谨慎的态度、统计概率的角度及有关器官缺陷的知识，我们可以进行大胆推测：如果儿童的消化器官、血液循环、呼吸器官、分泌器官、内分泌腺或感觉器官有缺陷，他们自儿时起就已不堪重负了。只有当他们积极行动、付出努力时，他们才可能改善这些器官缺陷，但是这两者间并不是因果关系。儿童具有无限的潜能，他们通过试错的方式培训自己，踏上追求完美的旅途，以享受成就感。不管他们是以积极的态度还是消极的态度奋斗，不管他们是统治他人还是服务他人，不管他们是合群的还是以自我为中心的，不管他们是勇敢的还是懦弱的，不管他们的性情如何，也不管他们是易感动的还是性情冷漠的，他们自己决定自己的人生，根据环境发展自己的行为动向，且基于自己对环境的认识做出相应的反应。每个个体追求完美的方式都不一样，我们只能指出最典型的相似之处。在谈及个人差异时，长篇大论在所难免。如果不了解个体心理学的知识，个体很难解释清楚自己所选择的人生方向，他的描述可能与事实相反。要想了解个体的人生方向，我们首先要了解其行为动向，由此可知其言语、想法、情感或行为背后的真实意图。要想知晓人体对其行为动向的臣服程度，我们可观察人体运作其功能的趋势，这比言语更有表现力。这是一种身体的语言，我将其称为"器官方言"（organic dialect）[1]。我会举两个例子，某个儿童平时很听话，但是一到晚上就尿床，这体现了他对服从文明与秩序的抗拒。某个个体自认为很有勇气，表面上看起来很勇敢，但是他的身体颤抖，脉搏加速，这显示他并不处于平衡状态中。

一位三十二岁的女性前来找我咨询，抱怨她的左眼周围剧痛无比，而且左眼看东西有重影，所以只能闭上左眼。当她和丈夫订婚时，她的症状第一次发作。十一年来，她一直被左眼的重影困扰，且左眼周围会间歇性疼痛。七个月前，剧痛又开始了，她将病痛复发的原因归于洗了个冷水澡，并认为寒气是导致她多年患病的原因。她的一个弟弟和母亲都患有严重的头疼，并因此受到眼睛重影的困扰。在患病初期，她的右眼周围会疼痛，这种疼痛会在双眼周围游走。

在结婚前，她教过小提琴，曾在音乐会上演奏，她很喜欢自己的职业。但在结婚后，她放弃了自己的工作。她现在住

---

[1] 器官方言（organic dialect），又称为器官语言（organ language），是指个体通过身体行为或症状表达自己的态度与观点。

在姐夫家里，感觉很幸福，照她自己的说法，之所以住在姐夫家，是因为可以离医生近些。

根据她的描述，她的父亲、她的几个兄弟及她自己都是暴躁易怒的人，我在与她的谈话中证实了这个事实。他们都是专横跋扈的人，这类人容易患上头痛、偏头痛、三叉神经痛及癫痫。

当她神经紧张、拜访他人或与陌生人会面时，常常会尿频尿急。我曾分析过三叉神经症患者的心理成因，如果他们并不是因为器官缺陷而患病，那么高度的情绪紧张会是病因。当她的情绪高度紧张时，其血管会收缩，交感肾上腺髓质系统会变得兴奋，各种神经症状也会因此显现。此时，她体内的血管及供血系统会发生变化，她会感到身体上的疼痛，甚至会瘫痪。根据我的推测，如果某个个体的头骨、脸部以及头部静脉与动脉不对称，那么其头盖骨、脑膜甚至大脑都是不对称的，处于相应位置的动静脉的血液流量及血管口径也会因此受到影响，左脑或右脑的神经纤维与细胞也会发育不良。此外，由于单侧的动静脉进行扩张，另一侧的神经束（nerve tracts）可能会过窄。当个体愤怒时，他的额前会暴起青筋。此外，愉悦、焦虑及悲伤等情绪都会改变血管的血液流量，个体的脸色也会随之变化，人体内部可能还会发生更深层次的变化。当然，要想了解所有并发症，我们还需要进行更多研究。

她的生活风格十分专横，暴躁的脾气及高度紧张的情绪是其患病的原因。她常年感到精神紧张，自其童年早期起，便深受自卑情结及优越情结的困扰，对其他人缺乏兴趣。她非常爱自己，这也体现在其回忆及梦境中。通过个体心理学的治疗，她的病情得到了治愈，并且从此不再复发。如果器官缺陷不是个体患上神经性头痛、偏头痛、三叉神经症及癫痫等疾病的原因，那么要想治愈这些疾病，我们可以改变个体的生活风格，缓解其精神紧张，增强其社会情感浓度。

她在拜访他人时会尿频尿急，这说明她太容易兴奋了。由此我们可知，个体之所以尿频尿急、口吃，或表现出其他神经障碍与怯场等特征，是因为害怕与他人会面与相处，且外界对其影响巨大。此外，她的自卑感非常强烈。根据个体心理学的观点，她非常依赖其他人，并执着于追求个人优越感，她自己也说对其他人没有特别的兴趣。她认为自己并不焦虑，可以毫无困难地与他人交谈，但是她实在太健谈了，我根本插不上嘴，这说明她有强烈的倾诉欲。毫无疑问，她是婚姻中占据主导权的那一方，而她的丈夫与她相反，他渴望平和的婚姻生活。他十分勤奋地工作，每天很晚才回家，精疲力竭，无意与妻子外出，也不想与妻子交谈。每当她在公共场合演奏小提琴时，她的怯场情况十分严重。因此，我提出了一个重要的问题，即在她身体康复后，她会做些什么呢？她对此闪烁其词，说自己的头痛是好不了的，这清晰体现了她怯懦与退缩的原因。在做了筛窦炎手术后，她的左侧眉毛上留下了一道很深的疤痕，手术后不久，她便患上了偏头痛。她认为冷水、寒气等任何形式的低温都会伤害她，会让她的病情复发。七个月前，她洗了个冷水澡，病情便立刻复发了，且发作之前没有任何征兆。她找了几位医生做全身检查，没有发现任何器官病变。她做了X光以检查自己的头盖骨，也检验了血液与尿液，结果没有任何异常。她的子宫前倾与前屈，处于发育不良的状态。不仅神经症患者会深受器官自卑感（organ inferiority）[1]的困扰，当个体的性器官（sexual organ）有缺陷时，个体也会陷于器官自卑感，这位女性便是一个典型的例子。

她亲眼看见了妹妹的出生过程，当时她极度惊恐。自此以后，她对生孩子感到非常焦虑。我之前也曾提醒过父母们，不要让孩子们太早了解性，因为他们可能还无法理解和消化这件事。当她十一岁时，她的父亲误认为她与住在隔壁的男孩子发生了性关系，并对此严厉谴责，她在焦虑与恐惧中过早地了解了性关系。因此，她非常抗拒爱情，结婚后，她以性冷淡表达自己的抗拒。在结婚前，她要求丈夫承诺会坚持不要孩子。她的偏头痛及其对偏头痛的恐惧为她提供了助力，让她尽可能少地与丈夫发生性关系。她是一位有抱负的女性，自卑感强烈，误认为爱情是对女性的轻视，既然如此，她的爱情怎么会顺利呢？

自卑感、自卑情结及男性钦羡等是个体心理学中的基本概念，弗洛伊德等精神分析学家曾愤怒地攻击这些概念，如今，他们已完全接受，并将它们纳入其精神分析学派。不过，它们在其系统内的存在感渐弱。上述这位女性深受男性钦羡的影响，她的身体与思维因此发生变化，精神分析学派是无法理解这一点的。根据他们的观点，当个体的社会情感受到外界的考验时，个体因此会表现出明显的症状，在他们眼里只有这些

---

[1] 器官自卑感（Organ Inferiority），是弗洛伊德提出的重要概念，指生来就有生理缺陷的人会有自卑感，他们会不断采取行动弥补自己的缺点。比如，一个视力微弱的人可能会对需要运用视力的事情感兴趣，并将其视为一种补偿，他可能会爱上阅读。

症状。

这位女性的病症是偏头痛与尿频尿急，结婚后，她的慢性病包括对生孩子的恐惧及性冷淡。我已经解释了这位易怒专横的女性患上偏头痛的原因，根据前文描述，她的相关部位是不对称的，这类人最容易患上偏头痛及类似的疾病。当然，我也不能忽视造成她病情复发的外界因素，在洗了冷水澡后，她的病情的确复发了。然而，既然她一直都知道低温可能会伤害她，那她为什么要无视风险去洗冷水澡呢？她是因为愤怒而自我伤害吗？还是她的病情会抓住任何机会复发？她的丈夫深爱着她，难道她将其丈夫视为婚姻中的对手？难道她是为了报复亲近的人才去洗冷水澡？她对自己的愤怒是出于对其他人的反抗吗？她缺乏社会情感，害怕面对生活中的问题，在了解了偏头痛及咨询了医生后，她为什么还认为自己永远好不起来呢？她是想以此逃避解决生活中的问题吗？

她非常敬重她的丈夫，但是根本不爱他，她从来没有真正爱过谁。我反复询问她彻底康复后的打算，她详细描述了自己的计划，她想搬去首都，在那里教小提琴并加入管弦乐队。而她的丈夫离不开小镇，这意味着她会离开她的丈夫。此外，她目前住在她姐夫家里，在那儿过得很开心，且常责备她的丈夫，这也体现了她想与丈夫分开的想法。她的丈夫很疼爱她，尽全力满足她对权力的渴望，因此，她离不开他。在面对这种类型的患者时，我建议咨询师们不要赞同他们的想法，以免促使他们与另一半分离，也不要建议他们另觅新欢。他们很清楚什么是爱情，只是不愿去理解而已。他们不愿意让自己痛苦失望，想让医生承担所有责任，毕竟他们认为自己只是听从了医生的建议而已。我想帮助这位女性经营好婚姻，要想做到这一点，我得先帮她纠正其错误的生活风格。

在仔细检查她的脸部后，我发现她的左脸比右脸小，她的鼻头也偏向左边，她的左眼不适，不能像右眼一样完全张开。根据她的说法，有时她的右脸比左脸小，鼻头偏向右边，我不知如何解释这个现象，也许是她搞错了。

她曾做过这样一个梦，在梦中，她与她的弟妹及姐姐身处剧院，她让她们稍等一会儿，她会去舞台上和她们打招呼。她想在亲戚面前展现自己，想加入管弦乐队并在剧院演奏，并认为亲戚们低估了她，这与我提出的器官缺陷及心理补偿的理论相契合。她的一个弟弟也受同样的病情困扰，毫无疑问，她与弟弟的视觉器官一定出了问题。我不确定他们的血管或神经束是否异常，毕竟他们的视力、新陈代谢及甲状腺都是正常的。在关于剧院的这个梦中，她想站上舞台，她想展示自己，而她在小镇的婚姻与生活阻碍了她实现愿望，更别提怀孕和生孩子了。

一个月后，她彻底康复了。她分析了导致其病情复发的外在原因，她在丈夫的外套口袋里发现了一封信，这封信是某个女孩子写的，上面有几句问候语，她的丈夫尝试减轻她的疑虑，但是这无济于事，她醋意大发，紧盯着丈夫的动向。在这期间，她洗了冷水澡，病情也因此复发。她一直很吃醋，感觉虚荣心受损，她又做了一个梦，梦见一只猫叼着一条鱼跑了，一位女性追着猫，想把鱼抢回来。这个梦的内容体现了她对丈夫的猜忌与不信任，她将别人对其丈夫的觊觎隐喻为猫叼走了鱼。她表示自己从未吃醋，且她的自尊不允许她吃醋，但是自从发现了那封信后，她的确开始考虑丈夫对她的忠诚度。她非常依赖她的丈夫，一想到他可能对她不忠，她便非常愤怒。她遵循自己的生活风格，在她看来，丈夫决定了她的价值，如果她的丈夫不欣赏她对他的依赖，她便会复仇，洗冷水澡便是她复仇的方式。在遭受了冲击后，如果她的偏头痛不发作，那她就得承认自己对于丈夫来说是没有价值的，这是她最无法接受的情况。

第五章
体型、动作和性格

在这个章节，我们将对人类的体型、动作及性格展开讨论，以评估它们的价值及解释其重要性。经验（experience）是科学认识人类的基础，然而，仅通过收集事实并不能有科学的认知。要想构建一门科学，收集事实只是第一步，我们还需基于某个普遍原理，对这些事实进行有理有据的排序。当个体受到攻击时，他会愤怒地挥拳，会怒视危险，还会大声地咒骂，这显然是常识。为了解决有关常识的疑惑，人类会利用研究与探明真理的本能，这与科学的本质特征相契合。为了构建一门科学，我们要对这些常识与其他现象的关系展开研究并做出成果，崭新的观点能帮助我们理解或解决已存在的问题。

在很长时间内，外部环境都会维持不变。在适应外部环境的过程中，个体形成自己的生活风格，发展自己的器官形态及体型。不同个体对环境的适应程度不尽相同，当个体在适应过程中超越了某个明显的界限时，异形会由此产生。除此之外，以下三种因素也会影响人类的器官形态及体型的发展。

第一个因素是某些变种的灭绝，他们已没有任何存在的可能性。他们不仅遵循错误的适应法则，还以错误的方式生存，为大大小小的群体带来了负担，如带来了战争、恶政，或其自身社会适应不良等。在个体适应环境的过程中，孟德尔定律（Mendelian's Laws）[1]有一定的影响力，且个体的器官形态及体型会互相影响。个体的体型与其自身的及人类集体的缺陷之间的关系是一种价值函数（value function）[2]。

　　第二个因素是性选择（sexual selection）[3]，随着文明的日益发展以及人类性交次数的增多，人类性选择的形式及类型逐渐趋同。生物知识、医学知识及审美意识都对性选择产生影响，人类的审美十分多变，且容错性很高。不同个体的审美可能截然不同，有些人欣赏运动员，有些人欣赏双性人（hermaphrodite），有些人喜欢丰满的美，有些人钟情苗条的美。艺术对人类审美的变迁史影响巨大。

　　第三个因素是器官之间的相互关系，人体器官之间联系紧密，且与内分泌腺（甲状腺、性腺、肾上腺及垂体腺）仿佛组成了秘密联盟，它们能彼此支持，也能互相伤害。要想存活，

----

　　[1] 孟德尔定律（Mendelian's Laws）是一系列描述了生物特性的遗传规律并催生了遗传学诞生的著名定律，包括两项基本定律和一项原则，即：显性原则、分离定律（孟德尔第一定律）以及自由组合规律（孟德尔第二定律）。此定律由奥地利修道院神父孟德尔于1865至1866年间发表，并在1900年被重新发现，定律发表初时颇具争议。孟德尔定律与托马斯·摩尔根1915年发表的遗传的染色体学说共同组成了经典遗传学的基础。

　　[2] 价值函数（value function）是一种反映集合中元素间序关系的函数。

　　[3] 性选择（sexual selection）或性择是一个演化生物学的理论，此理论解释同一性别的个体（通常是雄性）对交配机会的竞争如何促进性状的演化，同一物种的两个性别之间，通常有至少一个性别必须竞争取得有限的交配机会。由于个体间存在可遗传的差异，造成有的个体在竞争中较为成功，比较成功的个体将此差异给后代，便造成性择演化。通常雌性在生殖过程中投资较多，因此对交配对象较挑剔，所以性择是作用在雄性的性状上。

它们就得互相配合，个体的功能才能得以正常运行。在这种整体效应（totality effect）中，周围神经系统[1]及中枢神经系统[2]发挥了重要作用。在自律神经系统的配合下，整体效应会发挥更好的效果。如果在身体及精神上对这种整体效应展开训练，个体能更好地发挥器官的功能。因此，非典型的或无负面影响的器官缺陷不会影响个体及其后代的生存，他们能成功地从其他力量来源寻求补偿，这种补偿有时能完全将缺陷覆盖。由此，个体能维持在平衡的状态。如果不带偏见地对人的长相与能力的关系展开研究，我们会发现最杰出、能力最强的那一类人绝不是长相最好看的。因此，我们会倾向于认为个体或种族优生学（Eugenics）[3]只能创造有限的价值，因为它涉及太多复杂的因素，极有可能会引导我们做出错误的判断。不管统计学的解释有多可靠，它们都无法对个人案例产生决定性影响。

在如今的文明社会中，眼型细长及视力中等的个体会占据一定的优势，他们能更好地完成近距离的工作，而且可以避免眼睛疲劳。此外，当绝大多数人都惯用右手时，左撇子们便处于不利地位。然而，很多厉害的制图师、画家及聪明的技工都是左撇子，他们用训练有素的右手进行创作。肥胖的人与纤瘦的人会面临不同种类的危险，但是这些危险的严重程度相差

---

[1] 周围神经系统包括除脑及脊髓之外的神经部分，又分为躯体神经系统和自主神经系统。

[2] 中枢神经系统由脑和脊髓组成（脑和脊髓是各种反射弧的中枢部分），是人体神经系统的最主体部分。

[3] 优生学（Eugenics），或称善种学，是研究通过非自然或人为手段来改进国民遗传基因素质的学术领域，主张操纵、控制特定人口的演化进度以及演化的方向。

无几。然而，在美学及医学领域，纤瘦的人更受青睐。掌骨短宽的个体能更好地发力，他们更适合从事体力劳动，但是随着科技的发展，繁重的体力劳动逐渐被机械取代，劳动力逐渐过剩。漂亮的体型的确充满吸引力，但是它也会带来弊端。绝大多数体型漂亮的个体都是未婚人士或丁克，而体型稍微逊色的个体在其他方面更优秀，他们反而会积极地繁衍后代。在特定的情景中，我们常会发现身处其中的个体与我们想象中的类型完全不同。有些登山运动员不仅腿短，还有扁平足。小裁缝竟然力大无比，相貌一般的女性竟然身材窈窕。要想理解这些鲜明的矛盾，我们需要详细了解他们的心理并发症。有些个体身材娇小却心智成熟，有些个体身材魁梧却行为幼稚；既有懦弱的巨人，也有勇敢的侏儒；既有相貌丑陋的绅士，也有貌美英俊的流氓；有些罪犯看起来手无缚鸡之力，而外表粗野的个体却心地善良。这些情况屡见不鲜。毫无疑问，性病与酗酒会影响人类的繁衍能力，且会对后代造成明显的不良影响，这些后代也会更脆弱。但是也有例外，萧伯纳（Bernard Shawn）[1]在晚年时期仍然精神抖擞，而他的父亲却嗜酒如命。个体的适应法则太复杂了，让人难以理解，它与超验主义中的进化选择截然相反。古希腊诗人荷马曾在《伊利亚特》[2]中哀悼道："当试

---

[1] 萧伯纳（George Bernard Shawn），爱尔兰剧作家、伦敦政治经济学院联合创始人。早年靠写作音乐和文学评论谋生，后来因为写作戏剧而出名。萧伯纳一生写过超过60部戏剧，擅长以黑色幽默的形式来揭露社会问题。父亲是法院官吏，后经商破产，酗酒成癖，母亲带他离家出走到伦敦教授音乐。

[2] 《伊利亚特》又译《伊利昂纪》，是古希腊诗人荷马所创作的史诗。故事背景设在特洛伊战争时期，围绕希腊城邦之间的冲突展开，军队对特洛伊城围困了十年之久，故事讲述了希腊联军统帅阿伽门农与英雄阿喀琉斯之间的争执。

耳西忒斯（Thersites）[1]凯旋时，帕特罗克洛斯（Patroclus）[2]已在坟墓中长眠。"在战争中，瑞典损失惨重，男人的数量急剧减少，因此政府颁布法案，要求所有幸存的男人都必须结婚，那些男性病患及伤残人士也必须遵守这项法律。如今，瑞典已克服了这个挑战。在《俄狄浦斯王》（*Oedipus Rex*）[3]中，我们见识了大自然愤怒的诅咒，换言之，那诅咒来源于对人类社会秩序的违背。

　　也许每个人对理想的体型都有自己的标准，并基于这个标准评判其他人的体型。只要活着，我们就会进行猜测（guessing），很多聪明的人将这种猜测唤作"直觉"。挖掘个体对体型的评判标准是精神病学家与心理学家的共同任务，个体的人生经历有限，在童年时期就被灌输了很多刻板印象，这会决定其关于理想体型的标准。针对这项任务，拉瓦特（Lavater）[4]及其他专业人士设定了一套系统。基于隐藏的、已经过深思熟虑的评判标准，不同个体对贪婪之人、仁慈之人、邪恶之人和罪犯都有特定的印象。那么人的理想体型到底是什

---

[1] 忒耳忒西斯（Thersites），《伊利亚特》中的人物，是特洛伊战争期间希腊军队的一名士兵。

[2] 帕特罗克洛斯（Patroclus），取意"父亲的荣耀"，是《伊利亚特》中的人物，是阿喀琉斯的好友。

[3] 《俄狄浦斯王》（*Oedipus Rex*）为古希腊悲剧作家索福克勒斯于公元前427年根据希腊古老传说所创作的一出希腊悲剧，为希腊悲剧的代表之作。在剧中，俄狄浦斯未能逃脱杀父娶母的诅咒，还与母亲生下了两个女儿，其母亲在悲痛中自尽以洗清自己的罪孽，他在百感交集中刺瞎了自己的双眼，与两个女儿远离了忒拜城，到处流浪，以求忏悔。

[4] 约翰·卡斯珀·拉瓦特（Johann Kaspar Lavater），瑞士诗人、作家、哲学家、面相学家和神学家。

么样子的呢？其背后又有怎样的意义呢？难道是灵魂为自己创造了身体？

　　大家可以特别留意相关作品，以了解体型及其意义的关系，我特别推荐德国精神病学家克雷齐默（Kretschmer）所著的《体型与性格》[1]以及我所著的《器官缺陷及其心理补偿的研究》。根据我的发现，人类会先天地为自己的身体感到自卑，强烈的自卑感会引发心理上的紧张。如果个体缺少有针对性的训练，他会陷于紧张的心理状态，认为外界的需求充满敌意。由此，他会以自我为中心，这会导致其超级敏感、缺乏勇气、优柔寡断，甚至发展出反社会人格。他对外界的看法阻碍了他对环境的适应力，这甚至会让他无法适应社会。在对体型与其意义的关系做出结论前，我们必须非常谨慎，并持续寻求验证，不能忽略其中的矛盾之处。经验丰富的面相学家是否是根据自己的直觉判断？他的判断是否超出了科学的边界？我不敢对此妄下定论。此外，当个体接受心理训练时，他会非常紧张，但是心理训练能让他取得更大的成就。根据我的经验，合适的心理训练能帮助个体改善与维护内分泌腺的健康，如果训练不当，其内分泌腺会受到伤害。有些男孩子非常女性化，有些女孩子非常男性化，因为他们的父母没有根据孩子本身的性别进行培养。

　　克雷齐默曾对比矮胖型的人（pyknic type）与细长型的人

---

　　[1] 在《体型与性格》一书中，克雷齐默对正常人的体型与心理类型建立了对应关系，阐述了他的体格类型理论，即"体型说"。他把人分成四类，即矮胖型、细长型、运动型及发育异常型。

（asthenic type）[1]，研究他们在外表及心理上的区别，他的研究非常有价值。不过，他对体型与其意义的关系不感兴趣，我们可以基于他的研究成果解决我们对相关问题的疑虑。

在研究个体动作（movement）背后的意义时，我们要保持坚定的立场。个体的动作间互相联系，我们要基于这个事实猜测动作的意义，以提高猜测的准确度。同时，根据个体心理学的观点，个体的动作源于其性格，且两者是不可分割的整体。因此，个体的动作及性格互相协调，不会互相矛盾，即一个人不可能有两个不同的灵魂。然而，精神分析学人为地将意识与潜意识分割，这个说法是站不住脚的，我们需要真正了解自己的意识。

为了科学地阐释个体的表达性动作的意义，个体心理学主张从两个方面入手。第一个方面是研究个体的童年早期经历，以发现让个体深感不安的情境。个体会想方设法战胜不安全感，将自卑感发展成优越感，以让自己不再紧张不安。个体在童年时期便会形成固定的解决路径，且终其一生都可能会坚持特定的行为动向。作为观察者，我们要像艺术家那般敏锐，以发现个体的行为动向的细微变化。第二个方面是探究个体的社会兴趣及合作能力，我们要评价个体的观察能力、倾听能力、语言表达、交际能力及行为，对个体所有的表达性动作进行评估与区分，以了解其为社会做贡献的能力。个体的表达性

---

[1] 根据克雷齐默的"体型说"，体型与病人所患的精神病类型密切相关，矮胖型的人较多地出现狂躁抑郁症，细长型的人易患分裂型精神病，运动型的人较多地出现癫痫症。正常人与精神病患者在生理特征与心理特征的关系上只有量的差别，没有质的差异。

动作之间互惠互利，当个体面对考验时，我们可观察其表达性动作，以了解其为社会服务的能力。此时，个体一定会根据最初始的行为动向做出反应，尽管其行为动向的表现形式千变万化，但是个体终身都会受其影响。在时间的长河中，个体所做的所有动作都是为了战胜困难，这体现了社会情感的重要性。

　　基于统一性原则，我们态度谨慎，渴望能推进对个体的研究进度，以推测个体的动作是如何变成其生活模式的。生活模式的可塑性是有限的，然而，在相应的范围内，个体的动作能充分发挥效果。无论时间如何变迁，对于不同年代、不同种族的人类来说，自身的动作都会慢慢成形，变成特定的动作模式。因此，要想通过个体的行为模式了解个体，我们就必须了解塑造行为模式的动作。

第六章

自卑情结

　　我曾反复强调过一个事实，即所有人都会感到自卑，只不过有些人不记得自己曾经自卑过。也许很多人会反感"自卑"这个词语，希望用另外的词语取而代之，已经有好几个心理学家做过尝试了，我对这种逃避不予置评。有些聪明人不同意我的观点，认为儿童在感到自卑前已经具备了很高的自我价值感。当个体未完成某项任务、未满足自己的需要或未释放其紧张情绪时，他自然会有不满足感。在让他痛苦的同时，这种不满足感也会为其带来积极的影响。换言之，个体因紧张的情绪而感到痛苦，且他想进行缓解。弗洛伊德曾提出，我们不一定要通过愉悦来缓解痛苦，但是我们可以在缓解痛苦的过程中感到愉悦，这与尼采（Nietzsche）[1]的立场不谋而合。在特定环境中，当个体缓解紧张情绪时，他会感觉仿佛在与一位不忠诚的朋友分道扬镳，或接受一项痛苦的手术，他会因此感到痛苦，这种痛苦可能短暂存在，也可能绵延不绝。比起"此痛绵绵无绝期"，有限度的痛苦更受青睐，诡辩者将后者视为一种愉悦。

---

　　[1] 尼采（Nietzsche）是德国古典语言学家和哲学家，尼采的著作在宗教、道德、现代文化、哲学，以及科学等领域提出了广泛的批判和讨论。他认为痛苦是通过意义而缓解，而非通过快乐而减轻。

个体的动作会流露其不满足感、对完美无休止的追求及对解决生活中的问题的渴望，人类在发展历史上的动作也会显露出人类整体的自卑感及为解决问题而付出的努力。为了扭转局面以占据优势地位，个体或人类整体会调动所有可利用的资源，我们要从进化论的视角理解这个动作，我曾在《器官缺陷及其心理补偿的研究》一书中对此详细阐述。个体或人类之所以调动资源以扭转局面，并不是为了追求死亡，而是为了掌控外部世界，我们永远不会妥协，永远不会停下脚步。弗洛伊德认为人类被死亡深深吸引，认为我们对死亡的渴望体现在梦境中或现实生活的方方面面，在他看来，我的观点只不过是一种不成熟的期待。毫无疑问，有些人的确会放弃与外部环境斗争，而更倾向于选择死亡，他们异常恐惧失败，害怕虚荣心受损。这类人渴望永远被溺爱，希望其他人能帮他们缓解痛苦。

人体的构造符合安全原则，这是不可否认的事实。当一个器官受伤时，另一个器官会替代它发挥功能，且受伤的器官能自我修复。所有器官的实际能力都远超出正常要求下的功能表现，且单个器官具备多项功能。人类会自我保护，在生理发育的过程中获取能量、发展能力。

生活在日新月异的文明社会中，我们非常渴望安全感。人类永远都会感到自卑，并会在自卑感的驱使下做出行动，以获得更多的安全感。在追求安全感的征途上，我们所感受到的痛苦与愉悦不过是助力与奖赏。然而，如果个体永远被社会的发展牵着鼻子走，永远不停下适应环境的脚步，那他只不过是在剥削他人的奋斗成果罢了。那些被宠坏了的儿童便是如此，他们认为自己的需求永远都应被满足。当个体为了获得更多安全感而不懈斗争时，他们也在征服现有的挑战，以创造更美好的未来。文明社会不断发展，我们人类也随之一往无前。如果人类无法利用大自然的力量为自己创造有利条件，那么一定会受其威胁，且必然会被击垮。那些更强壮的动物对征服人类没有兴趣，因为人类对它们来说没有吸引力。受气候条件影响，人类会穿衣御寒，以保护自己。人类从动物身上获取衣物，动物们显然先天就受到更好的保护。为了保护自己的身体，人类必须住进人为建造的房子里，也必须吃人为准备的食物。要想存活在地球上，人类就必须进行劳动力分工，并繁衍足够的后代。为了征服挑战并获得安全感，个体的器官与灵魂永远都要辛勤劳作。在这个过程中，个体会更了解生活中的危险，并对死亡有更深刻的认知。当个体未被善待时，强烈的自卑感是一种恩赐，在自卑感的驱使下，个体会以更高的标准要求自己，在征服挑战的过程中获得更多安全感。在发展过程中，所有人类都会反复剧烈地对抗根深蒂固的自卑感。

所有智力正常的儿童都会受这种发展冲动的驱使，以促进其身体及灵魂的发展。为征服而斗争是人类的天性，个体的渺小、软弱、自我满足能力的缺乏及被忽视都会刺激其能力的发展。在自认为不完美的压力下，个体会自创全新的生活模式，发挥自我创造的能量，以实现自己的目标，我们不能以条件反射解释个体的所作所为。人类认为自己永远不能停下征服的脚步，必须不断为了虚空的未来斗争。个体着迷于人生中的"必不可少的事物"，并希望满足人生提出的所有需求。个体渴望征服困境，实现最终的优越感目标，个体周围的环境会影响其优越感目标的内容。

我在这儿就不详述理论治疗了，如果想对此多加了解，大家可以去阅读我于1912年出版的书籍，书籍名字叫作《论神经症性格：个人主义心理学与心理疗法之比较概述》[1]。个体确实以征服为目标，人类的进化史也可佐证这一点，不同的个体具备不同的进化程度，个体基于自己的进化程度制定征服的目标。换言之，个体的遗传特征体现在身体或者精神上，这些遗传特征能帮助个体实现最终的优越感目标。在发展过程中，个体利用自己的遗传特征，发挥自己的创造力，获得了其他技能。我很重视遗传特征对个体的影响，这些遗传特征会通过各种形式影响外部世界，个体需要发挥自己的创造力，灵活地使用这些特征，才能让其发挥最大效力。个体会坚持追求实现征服的目标，不同的个体会将这个目标转换成不同的具体内容，并采用不同的方式实现自己的规划。

器官自卑感、被溺爱或者被忽视都会误导个体，影响其具体的征服目标的制定，这既不利于实现个人利益，也不利于人类社会的发展。个体在失误的情况下会形成错误的生活模式，这是基于统计概率得出的结论，基于这个结论，我们明白邪恶背后总有难言之隐。每个个体都认为自己的世界观是独一无二的，每位色情作家都有自己的个性，每个神经症患者都认为自己与其他神经症患者不同，每位失足青年都认为自己比其他失足青年独特。个体发挥自己的创造力，开发并使用自己的遗传特征，以体现自己的独特性。

个体周围的环境与受到的教育也对其独特性产生影响，

---

[1] 英文书名为*The neurotic constitution：outlines of a comparative individualistic psychology and psychotherapy*，此处指由伯格曼出版商出版的第四版。

基于所处的环境以及所受到的教育，个体形成了具体的生活风格。根据自己的感知力、思想、感受以及行为，他们为自己制定目标，坚定不移地坚持自己的前进路线。一旦个体形成了固定的行为模式，他们会毫不动摇地坚持这种模式，并深信自己可以实现目标。如果个体没有目标，他们就不会采取行动，那么他们永远也不会实现目标。为什么呢？因为在个体的原始意识中，他们深知自己永远不可能成为世界的主宰。于是，只要脑海中一出现这个想法，他们会进行概念转换，认为主宰世界是一种奇迹，只有万能的上帝才能主宰世界。[1]

自卑感主宰个体的精神生活，自卑的个体常常体验不完整与不满足的感受。纵观个体与人类整体的发展之路，自卑的影响力随处可见。

在生活中，个体必须面对无数任务，他们随时准备攻击他人，他们的所有行为都是为了从不完整的感受中解脱出来，让自己感到满足。1909年，我出版了《个体在生活中的攻击冲动——以神经症患者为例》（*The Aggressive Impulse in Life and in Neurosis*），我在书中对攻击冲动展开研究，最后得出了有利的结论，即个体渴望进化，在这种冲动的影响下，个体形成了自己的生活风格，这种生活风格导致他们随时准备攻击他人。这种攻击冲动并不是极度邪恶的，它并不是源自个体天生的施虐冲动。如果个体不清楚自己的发展方向，也没有发展目标，他们会基于虚无的直觉构建精神生活。此时，他们可能依旧极其努力，因为他们渴望进化，在进化过程中，他们会为人类整

---

[1] 参考阿德勒与雅恩（Ernst Jahn）合著的《宗教与个体心理学》（*Religion and Individual Psychology*）。

体利益做贡献。很多个体被宠坏了，他们习惯被溺爱，在生活中屡屡受挫，他们基于错误的人生观构建自己的精神生活。由于他们人数众多，社会大众逐渐接受了他们的精神生活。

为了适应原始的生存环境，个体在自卑感的驱使下应用自己的创造能力。在这个过程中，每个个体会做出不同的调整，他们会形成不同的行为模式，最终，这种模式会固定下来，影响他们的一生。他们通过遵循固定的生活模式，追求安全感，希望实现征服的目标。那么在实现目标的过程中，个体会受到限制吗？他们会触到发展的天花板吗？这取决于人类整体的实力，取决于个体与社会在进化中所达到的阶段。但是并不是每个个体都会合理地利用有利的发展条件，有些个体会逆流而行，我曾在之前的章节中提及这一点。要想实现身心的全面发展，个体就必须坚持为理想社会不断奋斗，让自己适应理想社会的框架。有些个体会有意或无意地提升自己的认知，有些个体则顽固不化，这两类人之间存在不可跨越的鸿沟。这两类人会互相争吵，甚至会展开暴力冲突。那些努力的个体会逐渐成长、变强，为人类福祉做贡献，但那些与进化趋势相对立的个体并不是完全没有价值的。他们不断失败、犯错，这些失败和错误或多或少都是有害的，由此，他们迫使其他个体更积极地努力。就如歌德[1]在《浮士德》[2]中所说："我的意志将永远邪

---

[1] 约翰·沃尔夫冈·冯·歌德（Johann Wolfgang von Goethe），出生于法兰克福，他是一名戏剧家、诗人、自然科学家、文艺理论家和政治人物，魏玛古典主义最著名的代表，也是世界文学领域最出类拔萃的光辉人物之一。

[2] 浮士德是欧洲著名作家歌德的作品名称及人物。原型参考了德国炼金术士与占星学家约翰·乔治·浮士德，作品中的浮士德是个学识渊博、精通魔术的人物，为了追求知识和权力，他同魔鬼做交易，出卖了自己的灵魂。

恶，但也能永远促成美好事物的产生。"[1]，他们激发了其他个体的批判精神，帮助其他个体获得了更多知识。此外，他们也以另类的表现形式展现了自卑感。

个体的社会情感浓度决定了个体与社会的发展路线，社会情感浓度成了我们评判是非对错的立足点。此外，我们还可以将社会情感应用到教育与治疗学中，通过分析个体的社会情感浓度，我们能够判断个体是否偏离了正确的发展轨道。与实验法中的标准相比，社会情感浓度是一个更好的衡量标准。个体在生活中会遇到很多考验，我们要留意个体最细微的表达性动作，由此分析出他们的发展方向，了解他们与社会之间的距离。我们可以将个体心理学与精神病学的疗法相比较，以了解个体所患有的对社会有害的病症，虽然精神病学也在不断改善其领域内的疗法，为社会的发展贡献力量，但是个体心理学仍占据优势地位。在个体心理学中，我们不主张自我谴责，只鼓励自我提升。面对个体的失败与错误，我们不会将其归咎于个体本身，而会考虑到整个人类文明对个体的影响。纵观人类社会，我们会发现不少缺陷，且每个人都受到牵连，如果要铲除这些缺陷，我们必须相互合作。我们不仅要增强社会情感的浓度，还要认识到这些缺陷的存在，由此，我们才算步入了进化的正轨。毫无疑问，我们的子孙后代会重视社会情感，将社会情感融入日常生活，就如我们呼吸、直立行走一样自然。

个体的精神生活能培育良好的集体荣誉感，能引导个体"爱邻如爱己"。有些个体对此无法理解，他们被流氓心态占

---

[1] 英文为"Who are you then？""I am part of that power which eternally wills evil and eternally works good."这段话完美描述了善与恶的融合。

据，巧妙地躲藏着，避免被发现与被惩罚。不过，这些个体仍旧促进了社会的发展。他们极为夸张地展现出倒退的发展状态，深陷在自卑感中，为了寻求心理补偿，他们深信其他所有人都是没有价值的。为了证实那些对社会有害的想法与其生活模式的合理性，他们会以救赎的名义滥用社会情感的概念，这对现今社会或未来社会产生负面影响，这也是死刑、战争、杀戮能有大批拥趸者的原因。这些拥趸者披上社会情感的外衣，认为社会情感是万能的。他们缺乏自信，深感自卑，认为自己找不到更好的解决方法。如果大家了解人类历史，就会明白杀戮也不能撼动先进理念的崇高地位，它无法阻止那些滞后理念的分崩离析。只有当自己或其他人处于危险中，出于自卫的需要，个体才可以考虑通过杀戮达成目的。

莎士比亚在《哈姆雷特》[1]中对此进行了清晰的描述，在希腊诗人的作品中，谋杀犯和罪犯被复仇女神[2]处死。当时，杀人行为是极为严重的罪行，震撼了那些富有社会情感并为理想社会而奋斗的个体。这些个体为理想社会奋勇斗争，最后取得了胜利。通过分析罪犯所犯的错误，我们能准确分析出他们的社会情感浓度。那些不断前进的个体身负重任，他们不仅要

---

[1] 《哈姆雷特》又名《王子复仇记》，是莎士比亚于1599年至1602年间创作的一部悲剧作品，是他最负盛名和被人引用最多的剧本。

[2] 厄里倪厄斯（希腊语Erinyes，单数为Erinys，字面意思为"愤怒"）是希腊神话中的三个复仇女神。在古典时代的阿提卡地区，人们举行祭祀仪式时从不直接提到这些女神的名字，而使用其别名欧墨尼得斯（古希腊语：Εὐμενίδες，意为"善良"）。在罗马神话中，厄里倪厄斯的对应者是孚里埃（拉丁语：Furiæ，"愤怒"）。她在雅典娜的劝说下改变了复仇的形象，转为繁荣的保护者，被尊称为仁慈女神。

为那些缺乏社会情感的个体进行启蒙教育，还要避免过早地为其设置严峻的考验，他们能顺利完成很多任务。但是对于缺乏社会情感的个体来说，这些任务是遥不可及的。当缺乏社会情感的个体在生活中遇到难以解决的问题时，他们就会受到冲击，他们并未准备好应对那些难题，加上自卑情结的困扰，他们过上了各种各样的问题人生。通过分析罪犯的生活风格，我们发现他们总是充满能量，但是没有把能量用在正道上。他们自儿时便形成了一种人生观，认为自己应该利用他人的成果与贡献达到自己的目的。众所周知，比起那些被忽视的个体，那些在溺爱中长大的个体更易成为罪犯。有人认为犯罪是一种自我惩罚，童年的性反常行为或者俄狄浦斯情结都是值得追溯的诱因。

实际上，我们可以轻松地驳斥这个观点，毕竟那些在生活中习惯使用隐喻的个体很容易将其与明喻及类比相混淆，以哈姆雷特与波洛尼乌斯[1]的对话为例，哈姆雷特问道："看到那朵形状酷似骆驼的云了吗？"波洛尼乌斯回应道："那确实像只骆驼。"

那些被宠坏了的孩子便秘、尿床，过度依恋自己的母亲，想时时刻刻腻在自己母亲身边，母亲就是他们生活的全部。在个体的成长过程中，母亲有责任监督个体发展一些功能，而那些被溺爱的孩子丧失了这部分功能。有些个体喜欢吮拇指、便秘或者特别怕痒，还有些个体特别依恋自己的母亲，喜欢与母亲共生，甚至由此感受到些许性快感，这些行为让他们感觉愉悦。我们将这些行为归为并发症与后果，而那些被宠坏了的个

---

[1] 波罗尼乌斯是威廉·莎士比亚的《哈姆雷特》中的人物。他是该剧恶棍克劳迪斯的首席顾问，也是雷尔提和欧菲莉亚的父亲。

体是这些并发症与后果的头号受害者。他们坚持重复这些行为，习惯像儿时一样手淫，拒绝与他人展开合作，不具备合作意识，以寻求避风港，尽量远离集体生活。导致他们变成这样的原因有很多，首要原因就是溺爱。溺爱孩子的母亲具有极强的警觉性，她们对孩子过于关注，这增强了母婴纽带，也为孩子提供了更强的"安全感"，这种安全感让孩子们进一步抗拒与他人合作，这种抗拒绝不能算是一种自我防御。社会情感的缺乏与自卑感的增强紧密联系，它们往往会同时出现在个体身上，当个体身处对其不友善的环境中时，他们会特别敏感，没有耐心，非常情绪化，对生活充满恐惧，过度小心谨慎，且非常贪婪，认为自己应该得到任何想要的东西。

当个体遇到生活中的难题或者危险时，或感到悲痛、沮丧或者忧虑时，或面对所爱之人的离世时，抑或面对各种各样的社会压力时，他们都会受到自卑感的困扰，自卑感会影响其情绪与心态。通过面部表情和肢体语言，他们会表现出焦虑、悲伤、绝望、羞愧、羞怯、尴尬或者反感等状态，也会因此丧失肌肉张力。有时他们会表现出另一种行为模式，面对那些会引起他们情绪波动的对象或生活中的问题，他们会选择退缩，与这些对象与问题保持距离。理性的个体选择逃离困境，果断退缩，而感性的个体会感到焦虑，会深陷于不确定性与自卑感中，由此，他们退缩的渴望会愈加强烈。当个体受到生活风暴的冲击或者面对生活中的严峻考验时，他们的自卑感会增强，如果他们专心为了前进而奋斗，他们的自卑感会逐渐减弱。每个个体以不同的形式表现自己的自卑感，所以，不同个体的生活风格迥异，且生活风格会影响个体生活的方方面面。

当个体试图掌控前文提及的多种情绪，或进行自我控制，或深陷愤怒、反感或鄙视等情绪时，我们不能忽视个体的生活风格的影响，个体在自卑感的驱使下及优越感的压迫下形成了自己的生活风格。面对生活中的险恶，理性的人会退缩，他们可能会成为神经症和精神病患者，甚至会表现出受虐倾向，而感性的人也会受到神经症的困扰。此外，他们还会做出更过激的行为，比如自杀、嗜酒、犯罪或者表现出性反常等。他们并不是因为勇敢才这么极端，只有那些积极为社会进步做贡献的个体才具备真正的勇气。我在前文中提到了两类个体，他们分解自己的生活风格，并对其展开重新排列，弗洛伊德将这种重新排列称为"退化"。个体之间存在相似之处，但是又不可能完全相同。每个个体都享有支配自己身心财富的权利，在面对生活中的问题时，我们采取的某些行为体现了回归婴幼儿状态或者原始人类状态的渴望。个体应该积极解决生活中出现的问题，我们可以参考过往的经验，促进社会的发展，迈向崭新的未来。

社会情感也可被描述为情谊、合作、人性或者理想自我[1]，社会情感不足的个体在面对生活中的问题时束手无策，他们没有做好充分的准备去解决问题，由此，他们深受自卑感与不安全感的折磨，身心均受到影响。他们的准备不周导致了自卑感的出现，即使是在婴幼儿时期，他们也已经感受到了自

---

[1] 理想自我，在弗洛伊德的精神分析学中，自我理想是自己想要成为的内在形象。或者，"弗洛伊德关于存在于超我中的完美或理想的自我的观念"，由"个人根据他认为理想的某些人的有意识和无意识的想象而构成"。在法国的弗洛伊德心理学中，自我理想被定义为"自我应该向往的完美自我的形象"。

卑感的苗头，不过这种苗头十分隐蔽，难以被发现。个体的性格特征、行为举止以及思维方式都会体现其自卑感，自卑感对个体的方方面面都造成了影响，深陷自卑感的个体会逐渐偏离前行的轨道。社会情感的缺乏进一步加强了个体的自卑感，当个体遇到极具威胁性的问题或者极具影响力的外界因素时，个体的自卑感会被展现得淋漓尽致。并不是每个个体都会像上述一样表现，但是那些过着"典型的问题人生"的个体一定会经历上述历程，他们在受到冲击后，持续深陷冲击的泥潭，以试图减轻自卑带来的压迫感，避开生活中的难题。但是，社会情感对所有个体都是极为重要的存在，"善"与"恶"之间也总有分别。所有社会情感不足的个体都受到"可以……但是"（yes...but）规律的影响，一方面，他们接受社会情感的存在，积极地融入社会；另一方面，他们受到了强大的阻力，社会情感的发展也由此停滞。每个个体受到的阻力都不相同，我们要留意那些细微的差别。要想得到治愈，患者必须调整"可以"与"但是"的比例。自杀者和精神病患者过于强调"但是"的比例，深陷挫折的泥潭，几乎丧失了所有社会情感。

那些焦虑、羞怯、缄默以及悲观的个体从来不善于与他人合作，当他们不得不面对命运的考验时，他们心里的负面情绪会进一步加强。焦虑、羞怯、缄默与悲观都是神经症患者的主要病症，那些习惯与生活中的问题保持距离的个体也会表现出这些特征，他们喜欢躲起来，拒绝采取任何行动。他们的思辨方式、强迫性思考以及无用的负罪感都加强了他们的偏好，他们就是喜欢远离生活中的波澜。他们并不是出于负罪感才逃避生活中的问题，他们本身没有做好应对生活中的问题的准备，负罪感有机可乘，正好阻碍了他前进的道路。如果个体因为自己手淫而自我谴责，这是非常不合理的，这种自我谴责为个体陷入懊悔中提供了合适的借口。在回望过去时，人人都会发现自己有一些未完成的任务，这是事实，但是那些自我谴责的个体会以此为借口，停滞不前，拒绝为社会进步出力。

如果我们对神经症患者或者罪犯等过着"问题人生"的个体展开研究，并认为他们过上"问题人生"的原因是负罪感，那我们没有正确理解他们的问题的严重性。此外，那些缺乏社会情感的个体选择了自己的发展道路，在遇到生活中的问题时，他们常常觉得非常疑惑，这种疑惑会加剧对他们的影响。此外，这也会从生理上影响他们，身体功能会因此紊乱，这种紊乱的持续时间或长或短，有时甚至会终身影响个体。生理变化出现后，那些最影响精神健康的器官最容易受到威胁，这要么是因为器官自卑感，要么是因为个体过于关注那些器官。身体功能的紊乱体现在多个方面，比如肌肉张力的减弱或者增强、毛发直立、淌汗、心跳紊乱、肠胃功能紊乱、尿急、呼吸困难、喉咙不适、性冲动或者性无能等，特定的难题会让个体受到特定紊乱现象的困扰。头疼、偏头疼、脸红、脸色惨白等也是身体功能紊乱的表现，交感肾上腺系统以及神经系统中的颅骨与骨盆都在功能紊乱中扮演了重要角色，个体的情绪影响它们的反应。这证实了我们之前的猜测，个体的内分泌腺都会受到外界的影响，包括甲状腺、肾上腺、性腺以及脑垂体等。人体器官基于所属个体的生活模式以及个体的主观感受，做出相应的心理反应。它们做出反应的本意是为了重新为个体找回身体上的平衡，但是如果个体没有做好应对生活中的问题的准备，它们会做出极端的补偿行为。

个体选择的发展之路可以体现其自卑感，就如我之前所说，有些个体会对生活中的问题冷眼相待，他们选择停在原地，与那些问题保持距离。参考他们的社会情感浓度，我们可以理解他们的逃避和停留，个体心理学认为他们的行为无可厚非，而科学总是在规则和公式的基础上追求可改进的空间，为了证实个体行为的正确性，科学会不停地寻找新的证据，个体基于自己的行为模式表现出的习惯性行为就是证据之一。还有些个体面对生活中的问题时，选择完全逃避或者部分逃避，他们与上文中持犹豫态度的个体不同，我们有时甚至会怀疑他们到底有没有受到自卑感的困扰。面对生活中的问题，自杀者、精神病患者、习惯性犯罪者、习惯性性反常的人、部分饮酒狂及对其他事物上瘾的人持完全逃避的态度。我们继续聊一聊受自卑感影响而形成的行为模式，这些个体的生存范围受限，前进之路也越走越窄，他们拒绝接受生活中的问题所带来的影响。不过，我们要考虑到一个例外，艺术家和天才们不把心思用于解决生活中的问题，他们可以为人类社会做出更大的贡献。

我很久以前就得出了结论，那些过着"典型的问题人生"的个体都深受自卑情结的困扰。那么，当个体遇到生活中的问题时，在身体上与心理上都会受到自卑情结的影响，这时，自卑感是如何发展成自卑情结的呢？这是一个非常重要的问题，我花了很长的时间寻找答案。就我目前所知，这个问题一直困扰着很多研究者，至今也没有得到解答。参考个体心理学中的其他问题的解决思路，我将局部与整体相联系，找出了答案。

个体受到自卑感的困扰，自卑感对其产生了影响，当个体长期感到自卑，且自卑对其的影响长期存在时，自卑情结由此形成。与常人相比，患有自卑情结的个体的社会情感浓度极低。如果不同的个体经历了同样的事情，做了同样的梦，身处同样的处境，在生活中遇到同样的问题，这些事情、梦、处境以及问题对不同的个体会产生不同的影响。由此可见，个体的生活风格以及社会情感浓度是决定性的影响因素。

我们要仔细观察患者的社会情感浓度，如果某位咨询师说某位患者是实打实地缺乏社会情感，那这位下结论的咨询师最好是位经验丰富的大师，以确保诊断是准确的。有些患者确实受到自卑感的困扰，但是这种自卑感还没有发展成为自卑情结。不过，如果完全按照这个规律去诊断患者的话，我们有时可能会被误导，有些案例会让我们怀疑这个规律的真实性。因为有些患者极度缺乏社会情感，但是他们生活在有利的环境中，所以他们可以很好地掩藏自己。

要想准确诊断患者是否患有自卑情结，我们需要观察患者以前的生活，了解他一贯的处事方式，确认他在童年时是否被溺爱以及是否受到器官自卑感的困扰，询问他在幼时是否被忽视。在治疗过程中，我们还可以使用个体心理学中的其他方法，包括了解个体的童年早期记忆、用整体的视角分析个体的生活风格、分析个体在家庭中是排行老几的孩子以及进行梦境解析等，我会在之后的内容中详述这些方法。自卑情结还会影响个体的性行为与个人发展。

第七章
优越情结

　　读到这里，大家肯定会好奇，那些深陷自卑情结的个体会奋力追求优越感吗？答案是肯定的，个体心理学也佐证了这一点。

　　在追求优越感的过程中，社会情感不足的个体如果感受到了失败的威胁，他们就会立刻撤离危险区，他们的怯懦有时摆在台面上，有时潜藏在面具后。对优越感的追求影响了个体的行为模式，当他们在生活中遇到问题时，他们要么立刻退缩，要么巧妙地避开那些问题。他们践行着"可以……但是"的行为模式，这种行为模式充满矛盾，他们更重视"但是"的力量，并为之倾倒。所以，在受到冲击后，他们会长期深陷在冲击对他们的影响中。他们缺乏足够的社会情感，自幼时起，他们习惯以自我为中心，只关注自己的喜怒哀乐。我们可以将他们分为三大类，在生活风格的影响下，他们无法与他人和睦相处，这影响了他们的精神生活。第一类是理智型，他们的行为模式显露出理性的特点。第二类是情感型，对他们而言，情感与直觉在行为模式中占据了主导地位。第三类是活动型。当然，归于某个类型的个体身上还会体现其他两个类型的特点。

因此，如果某个个体过着"问题人生"，那么他肯定长期受到冲击的影响，这种影响甚至改变了他的生活风格。罪犯以及自杀者属于活动型个体，他们积极地采取行动表达自己。神经症患者属于情绪型个体，其中，强迫性神经症患者和精神病患者是例外，他们更加偏向理智型个体，而瘾君子属于情绪型个体。面对生活中的三大任务时，他们会采取逃避的态度，这为人类社会的进步带来了压力与负担，他们将社会看作可以剥削的对象。如果个体缺乏合作意识，那么他的家人、其他个体或者社会本身就得弥补其缺失的力量。当这种代偿行为发生时，这些缺乏合作意识的个体悄无声息地与社会理想展开斗争，他们一头雾水地展开无休止的抗议，这种抗议无法帮助他们发展社会情感，他们会成为困兽，难以找到出路。优越感与合作意识是相对立的，对于那些过着"问题人生"的个体而言，他们无法为社会整体做贡献，他们没有远见卓识，不会倾听，也不会表达，更没有判断力。他们不具备常识，只信仰个人的理解力，在这种个人理解力的支撑下，他们巧妙地脱离了正确的成长轨道。我把那些被宠坏了的个体称为"寄生虫"，他们处心积虑地利用他人满足自己的需要，这对他们的生活风格造成了很大的影响。大部分过着"问题人生"的个体习惯性认为他人理所应当满足他们各方面的需求，包括感情、财产等，他们认为他人应该在物质和精神上为他们付出。对此，社会整体积极采取措施，保护社会利益不受到侵害，但是迫于现实，社会不得不平和宽容地面对这些个体。面对这些个体所犯的错误，社会整体应该分析错误背后的原因，并铲除错误，而不是惩罚或报复这些个体。然而，那些缺乏社会情感的个体总是会抗拒合作意识的出现，他们似乎无法接受与他人合作，毕竟合作与他们的个人理解力是背道而驰的，且不利于他们追求优越感。社会情感具有强大的力量，有些个体或多或少偏离了社会情感的发展轨道，这是一种不正常的现象，是一种错误的趋势，我们都应该重视社会情感的发展。有些心理学家幻想可以采用科学的方法展开分析，他们可能自身有学习心理学的天赋，面对个体后天形成的个人权力欲，他们会为其涂上一层伪装色，认为这种个人权力欲无非是一种邪恶的原始本能、一种超级人类的特征或一种原始的施虐冲动，他们把社会情感摆在神坛上，不自觉地深感敬畏。有些罪犯虽然已经有了明确的作案目标，但是他们也得仔细策划，为自己越界的行为找一个合适的理由，他认为自己虽然越界了，但是并没有伤害到社会利益，自己并没有做出反社会行为。从理想的社会情感浓度分析，当个体缺乏社会情感并做出相应的行为时，他们都是在狡猾地追求优越感。在面对生活中的问题时，这些带着优越感的个体会采取逃避的态度。他们害怕失败，所以会和那些乐意与其合作的个体保持距离。面对生活中的三大任务，他们只会逃避。逃避让他们的生活更轻松，让他们能带着强烈的优越感生活，他们认为这是他们的特权。就算当他们受到折磨时，他们依旧安于自己的位置，享受着优越感。比如，神经症患者在受到各种病症的折磨时，依旧不会想办法去解决生活中的问题。正因为他们安于被病痛折磨，所以可以继续逃避生活的问题。他们被病痛折磨得越痛苦，就越能够减少直面生活中的问题的可能性，由此，他们更无法理解人生的真正意义。他们不认为自己的生活风格是社会整体的一部分，也不认为自己可以为社会整体做出贡献，他们承受的折磨实际上是一种自我惩罚。以神经症患者为例，他们认为自己的病痛独立于社会整体而存在。

当个体惯于谄媚他人，散发奴性，习惯依赖他人，为人懒惰，或带有受虐狂的特质时，他们是非常自卑的，而这些特质给他们带来了解脱感，他们甚至认为自己有特权。他们借此来逃避生活中的问题，拒绝发展自己的社会情感，拒绝主动去解决问题。通过分析他们的生活风格，我们可以看出他们缺乏社会情感，面对需要社会情感支撑的情景时，他们想方设法巧妙地避开可能会遭受的失败。于是，他们把本应自己承担的责任推给了其他人，他们甚至不顾他人的意愿，强行命令他人帮他们解决问题。接诊了这么多过着"问题人生"的个体后，我发现他们自带优越感，认为过"问题人生"是自己的特权。为了护住自己的特权，他们得付出相应的代价，得忍受病痛的折磨，一直抱怨自己的遭遇，并生活在负罪感中。他们缺乏足够的社会情感，因此他们安于所处的位置。当别人问他们："当我直面生活时，你在哪儿呢？"他们毫不慌乱，不曾想过要改变现状。我们可以通过个体的行为举止以及性格特质观察其是否有优越情结，此外，如果个体认为自己有超能力，或者喜欢夸大其词，那么他也深陷在优越情结中。优越情结有多种表现形式，包括个体对个人形象的蔑视或者对此有虚荣之心、穿衣打扮过时、女性表现出男性化举止或男性表现出女性化举止、傲慢、情感过于丰富、势利、自吹自擂、专横跋扈、唠叨、自我贬低、过度英雄崇拜、喜欢讨好名人，或欺压弱者、患病者以及比自己瘦小的人，或强调自己的个性、滥用有价值的想法、习惯性贬低他人等。愤怒、渴望复仇、悲痛、热情、习惯性大笑、无法专心倾听、在与他人会面时易转移视线、喜欢将话题引向自己、面对小事习惯性兴奋都是个体感到自卑的体现。因为感到自卑，所以这些个体深陷优越情结之中。如果个体容易轻信他人，认为自己有超能力，如心灵感应、预言能力等，那么他们很可能深受优越情结的困扰。我想提醒那些同意以上结论的读者，不要把这些结论草率地套用在每个个体上。在谈及自卑感以及自卑感表层的伪装时，我们也不能盲目地套用知识。如果我们贸然擅用自卑情结与优越情结的理论，并套用在自己身上，我们会发现自己可能同时深陷这两种情结中，最后还会得出结论，认为两种情结是相互对立的。此外，我们在分析的过程中需要考虑到另外一个因素，即"人非圣贤，孰能无过"。那些具有极高社会威望的人或者非常杰出的人都可能掉入优越情结的陷阱，法国作家巴比塞（Barbusse）曾说过："即使是最善良的人也可能会蔑视他人。"另一方面，我们会观察到个体具有一些微小的、直白的特质，这些特质引导我们去关注这些个体面对生活中的问题时所犯的错误，这是个体心理学的研究重点，由此，我们能够深入理解个体所犯的错误，并找出合理的解释。我们形成了自己固定的心理机制，这些心理机制无法帮助我们理解前来求诊的患者。此外，分类理论也无法帮助我们进行个案分析。不过，在我们进行推测或者尝试理解个体性格的独特性时，以上两点都会对我们有所帮助。在为患者提供咨询服务时，我们要向他们解释他们的性格独特性，要清楚自己需要为他们提供多少社会情感支持。

　　个体心理学对人类发展进程中的主导思想展开总结，提炼出了精华部分，并将其清晰地分成三大类，它们按照顺序出现在不同的时期，为人类行为提供了宝贵的指导价值。在人类社会发展初期，人类在闲适恬静中度过了数十万年。后来，人类被赋予了"多产与繁衍"（increase and multiply）的任务，不断开拓领地，以寻求沃土。在这个过程中，人类创造出了泰坦十二神[1]以及凯旋将军[2]等身份，将他们视为救世主。时至今日，我们依旧崇拜英雄、骁勇好战，这是人类历史的传承与延续，也是推动人类社会进步的不竭动力。当个体出生在贫穷中，在成长过程中缺衣少食时，他们会有一种强烈的求生本能，为了过得更好，他们不惜欺压蚕食弱者。当恃强凌弱的人认为自己食物不够时，他们喜欢用简单粗暴的方式解决问题，他们有资本去欺压弱者、掠夺食物。纵观人类文明发展历程，我们发现这种思维模式一直广为盛行。不过，在人类历史中，女性从未做出欺压与掠夺之事，她们一直被视为孩子的生养者、卑微的仰慕者以及贴心的看护者。随着生活资料不断增多，这种分工明确的权力系统已经无法站住脚跟。

那么人类如何为未来或者下一代做准备呢？为了养大自己的孩子，父亲节衣缩食，他为子孙后代构建良好的环境。如果他的付出惠及了第五代人，那么在与他同代的老人中，至少三十二位老人的后代也因他受惠。当然，这些老人有权对自己的后代提出自己的要求。

人类社会中的商品会腐烂，它们可以被转换成金钱，商品

---

[1] 泰坦十二神（Titans）是古希腊神话中曾统治宇宙的古老的神族，这个家族是天穹之神乌拉诺斯和大地女神盖亚（盖娅）的子女，共有六男六女，他们曾统治世界，但被宙斯家族推翻并取代。

[2] 凯旋将军（拉丁语：Imperator）是起源于古罗马的一种头衔，后来进入欧洲政治词语，成为"皇帝"的同义词。

的价值通过金钱数额来体现，我们能用金钱购买他人的能力。由此，人类可任他人驱使，被他人呼来唤去，且每个个体都有自己的身份，这些身份成了他们的标签，他们逐渐对生活的意义形成了自己的看法。在成长过程中，他们被教育成势力与金钱的倾慕者，加上社会法律的加持，他们深受政权与财产权的支配。

在政权与财产权领域，女性依旧没有机会发挥创造力。社会传统与养育理念成了女性发挥创造力的绊脚石。她们要么羡慕男性所取得的成就，要么失落地站在一旁观望。她们生活在无力感中，不得不敬畏权力，以保护自己。不过，如果某些女性选择自卫的立场，她们大概率已经误入了歧途。

大部分男性与女性都是政权与财产权的倾慕者，女性是被动的欣赏者，而男性是主动的奋进者。男性离这些文化理想更近，更容易实现目标，而这些理想与目标对女性而言更加遥不可及。

在个体追求优越感的过程中，他们会变成市侩之流，迷失在政权与财产权中，丧失文化修养。知识也是一种权力，一般来说，追求权力会为生活带来极大的不确定性。如今，我们可以反思，难道我们只能通过追求权力来捍卫生活和促进人类社会发展吗？追求权力真的是实现这些目标的唯一方法吗？通过分析女性的人生结构，我们可以看到她们并不陷于文化庸俗主义[1]中。

---

[1] 庸俗主义，Philistinism，是一种贬低、蔑视艺术、美、灵性的反智主义。信仰庸俗主义的人有时按照音译译为菲力斯丁。一个菲力斯丁通常以物质主义为行事原则。这个词最早出现于19世纪，在德语中为Philister，意思是没有上过大学的人。马修·阿诺德将德文Philister一词引入英文，而有今意，由此得名。

　　如果女性按照男性的成长之路长大，她们也会成为庸俗主义的信徒。在她们原本的潜意识中，她们认为男性的力量更占据优势地位，这其实是一种柏拉图式的想法（Platonic idea）。如果她们也陷入了庸俗主义，这种想法将不再有任何意义。她们为了自身地位展开反抗，男性钦慕的现象由此产生，而这会为人类整体带来哪些利益呢？最终，我们都成了寄生虫，依赖艺术家、天才、思想家、研究者以及发现者们的成就而生活。他们是人类社会真正的领导者，是世界发展的动力，而我们坐享其成，是伟大成就的"分销商"。时至今日，政权、财产权以及知识仍旧是男性与女性之间的分界线。

　　因此，女性不断表达自己的抗议，市面上也出现了无数关于爱情与婚姻的书籍。

　　我们如今赖以生存的伟大成就具有巨大的价值，为人类社会的进步做出了重大贡献。我们没必要用浮夸的语言去修饰这些成就，毕竟我们已有亲身体验。女性也取得了一些重大成就，但是政权、财产权与知识一直是大部分女性取得成就的限制因素。在艺术的发展史中，男性的成就被反复传颂，而女性只是男性的候补，女性处于次要地位。女性需要在艺术的世界里展现并发展自己的女性特征，只有这样，女性才能提高自己的艺术地位。在表演与舞蹈领域，女性力量已经在不断壮大。通过表演与舞蹈，女性可以做真实的自己，不断创造新的成就。

第八章
不同类型的"问题人生"

　　现今，我对分类理论的应用非常谨慎，因为学生们很容易掉进思维陷阱，认为某一类别是独立于其他类别存在的，或者认为某一类别是基于同质化的结构形成的。当听到"罪犯""焦虑性神经症""精神分裂症"这些名称时，如果他们把笼统的概念套用在个案分析上，那么他们已经丧失了进行个体研究的能力。不仅如此，在面对患者时，他们与患者之间将出现难以消除的误解，他们将难以让自己从这种对患者的误解中解脱出来。但是在我的心理研究生涯中，我对分类理论进行了谨慎的应用，并由此得出了很多可靠的研究成果。我们不可避免地要用到分类理论，它能帮助我们进行概括，完成粗略的普适诊断，但是它无法帮助我们对个案展开分析或者进行治疗。面对不同的"问题人生"，我们要从症状入手，分析这些症状是否是出于一定程度的自卑情结，并在外界因素的影响下发展成了优越情结。这些过着"问题人生"的个体自童年开始便只具备微弱的社会情感，而在面对外界问题时，他们必须以更强烈的社会情感为支撑。

　　我们先来分析一下"困难型"孩子。如果一个孩子总是无法以平等的姿态与他人合作，那他就是个"困难型"孩子。当然，"困难型"孩子远不止这一种表现。他们在合作中找不准自己的位置，这是缺失社会情感的表现。然而，这些孩子在一般情况下是具备足够的社会情感的，但是在家里或者学校遇到压力时，他们会表现出社会情感不足。这种情况频繁出现，具体情形大体上都为我们所熟知。通过分析孩子们表现出社会情感不足的具体情形，我们能感受到进行个体心理学研究的价值与意义，这些都能帮助我们应对更为复杂的个案。在进行个案治疗时，如果不考虑环境对个体的影响，仅仅对个体进行实验性的、文字层面上的测试，我们可能会犯下重大错误，我们无法脱离个体周遭的环境对个体提出治疗建议，也不能对个体的症状进行任何分类，这些都是不可否认的事实。由此，为了得出合适的治疗方案，个体心理学家必须考虑到所有可能的社会环境。他们必须正确了解自己的任务，必须了解人类生活的需求，必须具备宏大的世界观，即需考虑到人类的福祉。

我曾提议对"困难型"孩子进行分类，这种分类在多方面都具有指导意义。有一类"困难型"孩子属于被动的类型，包括好逸恶劳的孩子、顺从但依赖心重的孩子、胆小的孩子、焦虑的孩子以及爱说谎的孩子等；另一类"困难型"孩子属于主动的类型，包括跋扈专横的孩子、没有耐心的孩子、易怒的孩子、易受影响的孩子、爱惹麻烦的孩子、性情残暴的孩子、爱自夸的孩子、喜欢逃避责任的孩子、喜欢偷窃的孩子及容易有性冲动的孩子等。同一个孩子身上可能会出现多个特点，所以我们要尽量确定每个个案的行为模式。如果对一个过着"问题人生"的个体展开分析，我们会发现自他童年开始，他便开始以错误的行为模式为引导。而那些具备充足社会情感的孩子会比较勇敢，他们会形成正确的行为模式。如果对个体的性格及其面对问题时的态度展开分析，我们会发现他的性格及对问题的态度都是其生活风格的一部分，如果他们能得到治愈，那么他们的生活风格也将发生天翻地覆的改变。神经症患者在童年时期表现出更多被动型的问题，而罪犯在童年时期则表现出更多主动型的问题。如果这些问题在个体长大后再次出现，而没有对个体的成长造成影响的话，我觉得可能是观察不到位。不过也存在例外的情况，当个体处于有利的外部环境时，他的问题可能不会出现，但是在面对更为严格的检验时，他的问题便会立刻浮现了。

个体在童年时表现出的问题属于医学心理学的范畴，我们发现那些被宠坏了的、依赖心重的孩子往往会表现出各种各样的问题，包括尿床、不好好吃饭、在晚上大喊大叫、喘不过气、持续咳嗽、便秘以及口吃等。孩子们以这些症状为抗议的方式，拒绝成为独立的人并抵制与他人进行合作，他们离不开他人的帮助。持续性自慰也是社会情感缺失的表现。要想治愈这些过着"问题人生"的个体，仅仅针对这些症状展开治疗并根除这些症状是不够的，我们必须想办法增强他们的社会情感。

个体表现出的被动型问题越多，他可能越有神经质趋向。根据在神经症患者身上常见的"可以……但是"规律，被动型问题多的个体具备强烈的尝试意愿，他"可以"接受新的尝试，"但是"更乐意逃避，所以一遇到生活中的问题，他会立刻退缩。在生活的道路上，他选择停滞不前，同时以冷漠的态度对待合作，渴望从生活的问题中解脱，为自己遇到的失败找借口。在受到冲击后，他会持续受冲击的影响，长时间地生活在沮丧中，害怕自己在未来会再次受到冲击、再次承受失败，这种恐惧促使他与遇到的问题永远保持着距离，他无法直面问题并解决问题。强迫性神经症患者对他人饱含不满的情绪，但他们表面上可能会温和地表达自己的祈求。被害妄想症患者总觉得生活中充斥着敌意，由于他们总是与生活中的问题保持着一定的距离，所以他们对生活的排斥感可能没那么明显，这些患者的想法、情绪以及判断都助推着他们选择退缩。现在我们得知，神经症是人们发挥自己的创造力的一种结果，神经症患者并非倒退至了婴儿时期，他们的病症也并非是返祖现象。基于自创的行为动向与生活风格，神经症患者以各种方式执着地追求优越感，尽心在治愈自己的路上放置各种障碍。想要成功得到治愈，他们必须真正认识到自己的问题，并把常识放在重要位置。他们认为自己在追求独特又崇高的目标，实际上，他们是在追求优越感。如果他们在过程中没有遇到任何阻碍的话，这个"追求优越感"的秘密目标会被其藏在心底；如果他们在过程中没那么顺利的话，他们会把遇到的阻碍和麻烦归咎于他人。通过分析患者过往的失败经历以及曾遇到的问题，稍有经验的咨询师会发现患者生活在强烈的自卑感中，全力追求优越感，不具备足够的社会情感。当遇到生活中的问题时，他们拔腿就跑，有些患者甚至选择被害妄想症，以彻底退缩。自杀者在精神层面的活动十分丰富，但是他们从不具备勇气，他们之所以选择自杀，仅仅是为了抗拒与他人展开有利的合作，且这种抗拒非常激烈。他们感受到自己受到强烈的冲击，甚至会因此去伤害他人。人类社会一直在进化，这种进化的进程也会受到自杀者的影响。人们受到外界因素的影响，可能无法发展充足的社会情感，这些外界因素即人们在生活中遇到的三大类任务，即社交、工作与爱情。我们曾对很多自杀案例展开研究，发现这些自杀者都缺乏对周围世界的理解力，他们没有感恩之心，在面对前文所述的三大类任务时，他们可能经历过失败，或者非常恐惧自己会失败，抑郁症患者也体验着这些失败或恐惧。1912年，我完成了有关抑郁症的调查研究，抑郁症患者缺乏足够的社会情感，他们呈现出来的每一种真实状态都是对他人展开的恶意攻击，比如企图自杀或者完成自杀等。个体心理学能帮助我们更深入地了解抑郁症，抑郁症患者常选择以自杀来对抗世界，他们放弃了对社会有用的合作，选择绝望地结束自己的生命。基于他们固定的生活风格，当他们遭遇财产的损失或者在一个情形中处于失利的地位时，抑或当他们感情生活不顺或者遇到任何类型的挫折时，他们都会选择绝望地结束生命。此时，他们作为"受害者"，在面对自己以及他人可能需要做出的牺牲时，他们竟然毫不退缩。如果读者们善于从心理层面分析的话，那大家会发现抑郁症患者比常人更容易对生活失望，他们对生活有着过高的期望，所以一遇到问题就容易沮丧。大家可能想了解他们在童年时的经历，了解他们的生活风格，继而发现他们很容易受到冲击，并会长时间沉浸在冲击引起的情绪低潮中，或者会有自残的倾向，他们自残是为了惩罚他人。随着对抑郁症的研究越来越深入，我们有了更多发现。相比于常人的感受与反应，抑郁症患者在受到冲击时的反应会更激烈，冲击对他们的影响会更为深远。此外，他们所遭遇的冲击会引发他们生理上的变化，自主神经系统与内分泌系统可能是生理变化产生的源头。

器官自卑感以及在童年被溺爱的经历都会误导孩子们形成错误的生活风格，他们会束缚自己的社会情感发展之路，以致社会情感发展不充分。这些孩子为了维护自己的自尊，很容易发脾气，让自己怒火中烧，对于生活中出现的大大小小的问题，他们总试图去掌控局面。

我们来聊一聊具体案例，这是一位十七岁的少年，他是家里最年幼的孩子，深受母亲宠爱，每当他母亲离家外出时，他姐姐便承担起照顾他的责任。某一天，他白天在学校遇到了很多棘手的难题，他自己无力应对，深受冲击，回到家中，他姐姐有事离家了，他一个人待在家里，选择结束了自己的生命。他留下了以下遗言："不要让妈妈知道我的所作所为，她目前在……（具体地址）。等她回家后，告诉她，我对生活彻底失望了，希望她每天在我的墓前放一束鲜花。"

一位老妇人患有不治之症，因为她的邻居不愿意丢掉收音机，她选择了自杀。一名男性是一个有钱人的司机，这位有钱人在生前曾答应赠予他一部分遗产，然而，在他的雇主死后，他得知他的雇主失信了，他没有得到任何遗产。于是他杀了自己的妻女，然后选择自杀。

我们再来看看另一位五十六岁的女人，她自小生活在溺爱中，在她结婚后，她的丈夫也非常宠爱她。她有着不错的社会地位，在她丈夫离世后，她深受折磨。她的孩子们相继有了自己的家庭，没有那么多精力照顾她。她在一场意外中摔断了自己的股骨，在康复后，她也不愿意与社会接触。她在家里感到死气沉沉，后来她忽然想到，她可以去环游世界以寻求刺激。两位朋友愿意陪她去旅行，当她们到了内陆大城市时，她实在是不愿意四处走动了，所以那两位朋友让她一个人待着，她随即陷入了极度沮丧的情绪中，并患上了抑郁症。她要她的孩子们过来接她回家，结果他们没有来，来接她的是她父母收养的一位女性——也就是她的姐妹。在之后的三年中，她深受抑郁症的折磨，病情也没有任何起色。她总是向我抱怨，说自己的病情为孩子们带来了很多麻烦。她的家人轮流来看望她，但是因为她长期患病，他们已经对她的病情麻木了，也没有对她表现出特别的关心。她一直都想自杀，也总是强调她的家人是多么的关心她。她患上抑郁症后，的确收获了家人更多的关心。她对孩子们的关心表示感激，这与她的真实感受是矛盾的，实际上，作为一个习惯被宠溺的女人，她想要无尽的忠诚与奉献。如果我们能站在她的角度思考，就能理解为何她如此珍惜这来之不易的关心，毕竟她通过患病来达到这个目的。

　　有些孩子在童年早期形成了另一种行为模式，他们不攻击自己，只攻击他人。他们认为其他人都是可供他们支配的奴隶，由此，他们会去损害他人的幸福、财产，影响他人的工作、健康以及生活。那么他们会给他人带来多大程度的损害呢？这取决于他们的社会情感浓度。我们在分析任何一个案例时，都要考虑到社会情感这个因素。社会情感其实是有关人生意义的一个概念，个体的想法、情感、心态、性格以及行为都可以体现出社会情感，但是我们无法用合适的语言对此进行描述。在面对真实的生活时，个体需要做出一些常见的行为，但是社会情感不足的孩子无法招架，他们觉得生活很艰难。他们认为自己的愿望和要求都应该得到即时满足，由此，他们总感觉生活中充满敌意。此外，他们深受匮乏感的影响，常会陷入嫉妒、贪婪的情绪中，他们细心地挑选受害人，竭力去伤害他人，以满足自己的个人需求。与常人相比，他们不具备充足的社会情感，为社会所做的贡献也相对滞后，他们狂热地追求优越感，对个人与社会抱有过高的期望，而这种期望很难得到满足。在受到冲击后，他们会持续放任冲击对他们的影响，由此，他们会对他人展开攻击。当他们在学校或社会中进行团队合作时遭遇失败，或者在感情中受到挫折时，他们会变得自卑，在以后的生活中长期受到自卑情结的困扰。百分之四十的违法行为人都是做粗活的工人，他们只能从事非技术性工种，以前在学校上学时，都是"差等生"，遭受了很多挫折。大部分恣意放荡的罪犯都患有性功能方面的疾病，那是他们无法完善地解决感情问题的一大标志。他们的朋友都是他们的同类，由此可看出，他们对友谊的理解也是十分狭隘的。他们的优越情结非常强烈，深信自己占据了优势地位，对受害人展开攻击，他们认为自己可以凌驾于法律之上。他们常自我幻想，认为只要犯罪手法得当，他们永远都可以逍遥法外。如果他们被证明有罪，他们会认为这是由于自己忽略了一些细枝末节。他们的性格鲁莽，不好相处，缺乏足够的社会情感。如果我们分析他们的童年生活，不仅可以对他们的犯罪倾向展开研究，还可以发现他们错误地做出了很多过于"早熟"的行为。器官自卑感、被溺爱或者被忽视都是个体产生犯罪倾向的原因，其中，被溺爱是最主要的成因。每一种生活风格都有得到改善的可能，所以面对不同的个案，我们要针对个体社会情感的浓度展开探讨，并且将外界因素的重要性纳入考虑的范围。那些被溺爱的孩子最容易被引诱，他们认为自己应该得到自己想要的任何东西。我们要重视诱惑的力量，准确地理解这种力量对不同个体的影响，那些具有犯罪倾向的个体极易在诱惑面前妥协，他们会为此采取很多行动，这会引发灾难性的后果。此外，在分析罪犯案例时，我们要考虑到个体与社会环境的关系。在许多情况下，如果那些具有犯罪倾向的个体认为不太有必要进行某项犯罪时，他们是具备足够的社会情感来阻止自己犯罪的。由此，当社会环境动荡时，犯罪行为急剧增长。但是动荡的社会环境并不是犯罪行为产生的原因，在美国的繁荣时期，遍地都是快速发家致富的机会，这些机会极具诱惑力，但是犯罪行为依旧处于增长的态势。在探讨犯罪倾向的成因时，我们要考虑到社会环境，不利的社会环境确实影响孩子们的健康成长，而在繁华的大城市中，犯罪行为也不少，所以这不能证明动荡的、不利的社会环境就是犯罪行为产生的原因。不过，当社会环境相对动荡时，个体的社会情感很难得到充分发展。如果孩子们在匮乏和贫困中长大，他们无法做好相应的准备去应对生活中的问题，他们会对此抗拒，同时密切关注身边那些生活条件更好的人。在成长过程中，他们的社会情感很难得到充分的发展。曾有学者对一个信仰特定宗教的群体展开研究，移民别国后，群体中的犯罪率逐渐上升。第一代移民与世隔绝，他们非常贫困，这时的犯罪率基本为零。在第二代移民中，孩子们开始去公立学校上学，但是仍然在宗教传统中长大，他们的生活仍然贫困，对宗教信仰仍然非常虔诚，而这时的犯罪率已经颇高了。而在第三代移民中，犯罪率非常高，这个数字十分惊人。

"天生犯罪人"[1]是常被忽略的一类罪犯。有些学者不重视我们的研究成果，这些学者对"天生犯罪人"常有一个错误的认知，认为他们之所以犯罪，是因为受到负罪感的困扰。经我们研究发现，"天生犯罪人"在童年时期极度自卑，在成长过程中又受到优越情结的困扰，他们缺乏足够的社会情感。

罪犯们的器官自卑感体现在各个不同的方面，当他们被证明有罪时，他们会深受冲击，由此，他们的身体代谢会发生变化，此时，他们很难平静下来。有些罪犯是在溺爱中长大的，而有些罪犯渴望自己被溺爱，还有些则在童年时期被忽视。有些罪犯相貌丑陋，由此我们可以清晰地看到他们的器官自卑感。不过，面容较好的罪犯也不在少数，他们之所以犯罪，很可能是因为自小被溺爱。

我曾治疗过一位面容较好的罪犯，他从他老板的现金出纳机里偷了一大笔钱，在被拘留了六个月后，他被假释出狱了。如果他再次犯罪，将面临为期三年的牢狱之灾。他出狱不久后，又偷了一笔小钱。在这件事情被公之于众前，他前来找我咨询。他出生在一个十分有声望的家庭，是家里年龄最大的儿子，深受母亲的宠爱。他心怀壮志，凡事都想争第一，他只和社会地位不如他的人交朋友，这一点透露出他的自卑感。回忆起童年最早期的生活，他说自己总可以得到任何东西。他之

---

[1] 生来犯罪者即天生犯罪人，十八世纪意大利犯罪学家龙勃罗梭（Cesare Lombroso）在其所提出的天生犯罪人理论中提出相关概念，而后在其著作《犯罪人》中，他把犯罪人大体分为四类，天生犯罪人便是其中一类。生来犯罪者（天生犯罪人）具体指真正的返祖者，其心理生理特征均与原始人及野蛮的动物相似，他们没有道德感，无论社会或生物进化均未达到常人的水平。

前从他老板那儿偷了一大笔钱，那时，他的父亲失去了自己的职位，无法像以前一样为家人提供优越的生活条件，于是他搜寻身边是否有非常富有的人，并下手偷钱。他常梦到自己飞翔或者自己成为英雄，由此可看出他野心勃勃，他认为自己成功是命中注定的。他没有抵挡住诱惑，盗窃了别人的金钱，试图证明自己比父亲优秀。后来，他进行了第二次盗窃，偷了一笔小钱，他通过这个行为来表达自己的抗议，他抗议假释，对自己社会地位的下降感到愤愤不平。在他之前被拘留期间，他曾梦到别人给他送来了他最喜欢吃的菜肴，不过又在梦里反应过来，知道自己身陷囹圄，不可能有人给他送菜肴。通过分析这个梦，我们不仅可以看到他的贪婪，还能看到他对自己所受刑罚的抗议。

通常来说，相较于罪犯，瘾君子们不会那么活跃。个体之所以成为瘾君子，是因为受到多个因素的影响，他们可能身处糟糕的环境，可能缺乏正确的引导，或者可能有很多机会接触到吗啡与可卡因。当他们遇到无法解决的问题时，毒品会对他们产生极大的影响。有些人对酒上瘾，他们的味觉可能是其中一个原因，他们本身偏爱酒精的味道。对于那些不喜欢酒精味道的人来说，彻底戒酒会更容易。个体为什么会对某个东西上瘾呢？他们要么带着强烈的优越情结，追求优越感，要么体验着强烈的自卑感，并在自卑感中无所适从。在成瘾初期，个体会非常羞怯，喜欢独处，特别敏感，急躁无耐心，容易发脾气，甚至还会表现出神经症的部分症状，比如焦虑、抑郁以及性功能障碍等。此外，个体还可能在成瘾初期表现出优越情结，他们自吹自擂，喜欢恶意评价他人，渴望占据主导权。还有些个体总是过量吸烟，或者对浓烈的黑咖啡上瘾，他们通常都是胆小羞怯、优柔寡断的人。通过对某个东西上瘾，这些个体成功地将自卑感搁置在一旁，毕竟自卑感是他们的负担。而当有犯罪倾向的人面对自卑感时，他们很可能采取更多的行为来排解。瘾君子们身上的恶习难以改变，这些恶习导致他们在社会关系、职场或者感情中受到挫折。此外，吸食毒品让他们飘飘欲仙，他们借此逃避肩上的责任与负担。

我曾接诊过一位二十六岁的男性，他比他姐姐小八岁，自小生活在溺爱中，非常任性。在他的记忆中，他常被打扮成洋娃娃，他的母亲和姐姐常常把他抱在怀里。在他四岁时，他去拜访自己的祖母，他本来计划在那儿待两天，但他的祖母非常严厉，没有答应他的一些要求，当他一听到祖母拒绝了他时，他立刻打包行李回了家。他的父亲是个酒鬼，他的母亲常因此生气。后来他上学了，由于他父母对他的溺爱，他在其他同学面前总有一种优越感。随着他渐渐长大，他的母亲对他没有那么溺爱了，就像是他在四岁时逃离他祖母家一样，他搬离了他父母的家。他和其他所有被溺爱的孩子一样，在和陌生人相处时感觉无所适从，不管是在社交聚会时，还是在职场生活中，抑或是与异性交往的过程中，他都会感到抑郁、焦虑及紧张。后来，他终于找到了相处舒适的朋友，那些人教会他酗酒。他不仅酗酒，还因为酗酒惹上了警察，当他母亲知道了这些后，便前来看望他，和他谈心，恳求他戒酒。那么结果如何呢？他对酒精越来越上瘾，更加卖力地在酒精中寻求慰藉，同时，他也因此得到了母亲的极度关心与溺爱。

一位二十四岁的学生曾前来求诊，他说自己经常头疼。

他在学校时深受广场恐怖症[1]的困扰，学校允许他在家里参加期末考试，在那以后，他的病情改善了很多。在他上大学一年级期间，他与一位女孩相爱，后来两人结了婚。婚后不久，他的头疼病又犯了，他是一位野心勃勃的年轻人，自小被极度溺爱，他之所以在婚后再次犯头疼病，是因为他嫉妒自己的妻子，且对妻子一直非常挑剔。通过观察他的生活态度以及梦境，我们可以清晰地看到这一点，不过，他自己对此一无所知。他曾做过一个梦，梦见自己的妻子打扮得很精神，仿佛是准备外出打猎。他在幼时曾患佝偻病，每当保姆想休息时，就会让他自己躺在床上，他那时已经四岁了，但他总想身边一直有人陪着他。他一直都安于扮演被照顾的角色，单凭他自己的努力，他不可能从这个剧情中醒悟过来。他是父母的第二个孩子，与他的哥哥一直都有些矛盾，因为他想成为家里第一个孩子。他在溺爱中长大，成长环境优越，自己也非常聪明，所以获得了不错的社会地位，但是他缺乏精神力量。他无法面对生活中的困扰，于是开始吸食吗啡。他偶尔也会停止吸毒，但是他无法坚持，很快又会复吸。如果他还嫉妒身边的人，他的状态会更加恶化，毕竟他的嫉妒不合常理，这会让他的处境雪上加霜。这时，他完全丧失了安全感，于是，他选择了自杀。

---

[1] 广场恐怖症是一种焦虑症，其特征是人们认为环境不安全并且不容易逃离而产生焦虑症状。这些情况可能包括开放空间、公共运输、商场，或仅仅是在自家外，在这些情况下可能会导致恐慌发作，而此症状遇到这种情况几乎每次都会出现，并持续六个月以上。受影响的人会竭尽全力避免这些情况。在严重案例中，人们可能完全不能离开自家。

第九章

"宠儿"们的幻想世界

　　那些被宠坏了的人从来没有良好的口碑，父母们不愿被加上溺爱孩子的罪名，"宠儿"们也不愿接受大众对其一贯的看法。那"溺爱"的定义到底是什么呢？大家都认为"溺爱"不利于个体的健康发展，这似乎成了一个共识。

　　尽管如此，人人都喜欢被宠爱，相当一部分人希望自己可以生活在溺爱中，很多母亲除了熟知如何溺爱孩子，对其他事一窍不通。幸运的是，很多孩子对此剧烈反抗以保护自己，减轻了溺爱对自己的伤害。如果仅用心理学的知识，很难解决"溺爱"这个问题。我们不能刻板地遵循这些心理学知识，盲目地以其为指南，以探究个体性格的基本结构或对个体性情展开分析。在探究过程中，案例之间会有无数细微的差别，为了确认我们所发现的心理表现，我们要将其与相应的事实相比较。当孩子们对溺爱展开反抗时，他们会将这种抗拒放大，当他们遇到可以向外界寻求帮助的情况时，他们可能对外界的帮助也持抗拒的态度。

　　"宠儿"们习惯了被溺爱，因为溺爱让他们免于经历自由意志被压制，在之后的生活中，他们有时会对溺爱反感，但他们自童年开始就建立了固定的生活风格，这种生活风格依旧会维持不变。

个体心理学认为，要理解一个个体，就必须研究他在解决生活中的问题时所采取的行为。我们必须仔细观察个体的行为模式以及其行为模式背后的原因，个体自出生开始就拥有了发展的潜力和可能性，每一个个体所拥有的潜力与可能性是有差异的，针对这种差异，我们必须根据个体的行为来进行识别。出生伊始，个体便受到外界环境的影响，我们所能发现的个体特质都是在这种影响下形成的。孩子们"占有"了遗传与外界对其的影响，并使用这些影响，以找到自己的发展之路。然而，如果没有方向和目标，个体不可能找到自己的发展之路，也不可能采取相应的行为。人类所追求的目标便是征服、完美、安全感以及优越感。

儿童感受来自身体与外界的影响，并在成长过程中使用这些影响，这一切都基于其自身的创造力与预测未来发展之路的能力。个体对生活的解读决定了其生活态度，这种解读无法用言语表达，甚至也不构成具体的想法，它是个体的私人代表作。由此，儿童习得了自己的行为动向，并自发对个人的行为动向进行后天训练，以促进生活风格的形成。基于他们的生活风格，我们可以看到个体独特的思维、情感以及行为，这些思维、情感与行为伴随他们的一生。当孩子们确信自己可以得到外界的支持时，他们的生活风格就差不多定形了。如今，生存条件变幻无常，当孩子们离开家，在外面的世界里闯荡，遇到需要与他人相互帮助的情形时，他们固定的生活风格无法支撑他们经受住考验。

　　那到底什么才是正确的生活态度呢？当我们遇到生活中的问题时，到底应该怎样去应对呢？对此，个体心理学竭力寻求答案。没有人掌握绝对的真相，一个被普遍认可的具体解决方法必须具备以下两个特征。首先，个体需要基于永恒的视角产生想法与情感、做出行为；其次，在提出解决方法时，应该将人类社会的福祉纳入考虑范围。不管我们面对的是传统文化还是新兴文化，是主要问题还是次要问题，我们在构思解决方法时，一定要考虑到在前文提到的两个要点。每个人都要面对三大生活任务，即社交、工作与爱情，只有那些积极为了社会利益而努力的人们才有机会处理好这些任务。当新的问题出现时，疑惑与不确定性也随之产生，这是不可避免的。要想防止生活中出现重大错误，就必须具备与他人合作的意识与能力。

　　我们可能遇到各种各样的患者，我们需要敏锐地发掘每一位患者的独特性。即使"宠儿"们总为自己的家庭、学校以及社会增加负担，我们仍然要分析他们的独特性。我们必须窥见藏匿在个体表象下的特点，分析他们的特质，明白我们到底在和哪种人交流，他们可能是"困难型"孩子、神经症患者、精神病患者、有自杀倾向的人、未成年罪犯、瘾君子或者性反常的人。他们都缺乏社会情感，原因可以追溯至其童年的生活，他们在幼时被溺爱或者极度渴望被溺爱。

　　当观察个体遇到问题时的反应时，我们首先要正确理解他的行为动向，然后再进一步剖析他的行为举止。如果我们像那些"占有"派心理学家一样，尝试将个体的每一次失败都归因于遗传或者外界的影响，那么我们不会得出任何重要的结论，这种做法并不合适。孩子们拥有自由选择的权利，他们会接受这些影响，并逐步被这些影响同化。个体心理学是一门"使用"派心理学，它强调个体的创造力，强调个体对这些影响的取舍与使用。有些人觉得生活中的各种问题都是无法改变的，他们无法理解那些问题的独特性，于是会轻易地得出结论，认为导致问题出现的直接原因或者个体的冲动与本能就是他们命运的主宰者。也有些人认为随着人类世代更迭，新的问题会不断涌现，他们不认同潜意识的遗传以及其对后代的影响。个体心理学不断探索人类精神以及个体为了解决问题而采取的行为活动，个体受到自身生活风格的影响，在面对出现在自己生活中的问题时会做出不同的行为反应。人类的语言表达是贫乏的，在笼统的表达下，那些带有细微差别的潜台词难以被察觉。我们常把很多类型的感情都冠上"爱"的名义，但是这些感情之间千差万别，就如两个同样内向的人也会有不同的特点。假设一对双胞胎想方设法成长成为一样的人，但是世界千变万化，他们的人生轨迹真的会一模一样吗？我们可以采纳笼统分类的方法，也可以把它当成"概率"理念应用在实际中，但是我们在看到个体之间的相似性时，也要考虑到个体之间的差异性。在预测个体未来的发展倾向时，我们也可以应用"概率"理念，以发现个体独特的行为表现，但是如果我们通过这个理念发现的内容与实际相矛盾，那我们必须摒弃它。

在有关人类社会情感的研究中，人类被认为可以不断发展自己的社会情感，母亲常被当成个体社会情感发展的启蒙者以及最重要的引导者，生理特征让她占据了这个位置。母亲与孩子之间的关系是一种亲密的双赢合作，很多人认为在这个合作中，母亲是在被自己的孩子消耗与剥削，但这种想法其实是不对的。父亲、家庭中其他孩子、亲戚以及邻居都参与了孩子社会情感的后续发展，他们与孩子建立合作关系，训练孩子成为一个有社会合作能力的人，由此，孩子能够具备平等合作的意识，不会成为社会中的反派。如果孩子们常常体验到成功合作的喜悦，他们信任合作者并常常得到良好的反馈，那么他们将更容易融入集体生活中，更乐意参与自主合作，他们会拿出自己拥有的全部来为集体做贡献。

然而，如果母亲对孩子过度溺爱，这种溺爱会通过她的行为、想法、动作以及言语表现出来，那么孩子极有可能变成"寄生虫"，会成为一个"掠夺者"，他会竭力在他人身上搜寻任何自己想要的东西并将其占为己有。他会尽力在每一个场景中占据主角的地位，成为他人注意力的中心，并将压制他人当成自己的权利，认为自己就该受到他人的溺爱。他会习惯性地索取，并拒绝给予。只要让孩子在这样的训练中生活一两年，他的社会情感水平将永远停滞，他的合作能力也会由此丧失。

还有些孩子时而依赖他人，时而渴望压制他人，他们与世界对立起来，他们对这种对立难以招架。要想生存，就必须深谙友谊与合作的道理，而友谊与合作摧毁了他们的幻想，他们常责怪他人，总是看到生活中的敌意。他们提出的问题也非常悲观，他们可能会问："生活到底有什么意义呢？"或者"我为什么要爱我的邻居？"面对社会理念提出的合理要求，如果他们对此响应并表示服从，那仅仅是因为他们害怕自己会被拒之门外，害怕自己会受到惩罚。面对社交、工作及爱情这三大任务时，他们无法带着社会兴趣解决所遇到的问题。他们深感自己遭受了冲击，感觉自己的身体与灵魂都受到了影响，于是决定拔腿就跑，这个退缩行为可能发生在其意识到自己遭受了失败之前或者之后。他们会一如往常地保持幼稚的生活态度，毕竟他们已经习惯了"受害者"的角色。

现在我们能够理解个体的性格特征并不是天生的，它的形成受到了个体生活风格的影响。孩子们在发挥自己创造力的过程中，形成了自己的性格特征。那些被宠坏了的孩子在误导下成了利己主义者，他们自私自利，容易羡慕与嫉妒他人。他们仿佛置身于敌对国中，清楚地展现出自己的性格特征，他们极度敏感，没有耐心，缺乏毅力，容易情绪崩溃，而且非常贪婪。此外，他们遇到问题时会习惯性退缩，而且常常过度谨慎。

当"宠儿"们身处对他们有利的情境中时，我们难以了解他们的生活风格。而当他们遇到没那么有利的情况，当他们的社会情感受到考验时，他们的生活风格就会显露出来。这时，他们会犹豫不决，远远地观望着自己遇到的问题，停滞不前，而且他们会为此编造很多理由。由此，我们明白他们并不是出于机智谨慎做出了这样的决定，他们会频繁地更换自己的生活环境、朋友圈子、恋爱对象以及工作岗位，做任何事情都半途而废。

"宠儿"们有时会兴冲冲地开始做一件事情，他们的态度会很热切，但是明眼人一看就明白他们这么草率，是无法独立做好他们想做的事情的，他们的热情很快就会消退。他们有时又会比较古怪，遇到问题就退缩，他们要么回避问题，要么只想到片面的解决方法，由此，他们的行动范围也会受限，他们能采取何种行动应对问题还取决于他们的自卑程度。如果他们有相对自由的活动范围，此时他们做出的选择并不是出于勇气，他们很容易会变得让人难以忍受，会成为对社会无用或者甚至有害的人，比如罪犯、自杀者、酒鬼或者性反常的人等。

　　不是每个人都能和那些"宠儿"们产生共鸣，换句话说，不是每个人都能完全理解那些被宠坏了的人。要想完全理解这个被溺爱的角色，我们得把自己当成优秀的演员，完全沉浸在他们的剧本中，弄明白他们通过何种方法让自己成为焦点人物并压制他人以达到自己的目的，设身处地地去理解他们为何无法与他人合作、为何只知索取而不知给予。他们绝不是理性的信徒，相反，他们都是利己主义者，想方设法地利用他人的合作成果，利用身边的朋友、同事、家人以及恋人，以实现自己的利益。他们只在意自己的得失，总是想不劳而获、推卸责任，为了逃避面对问题的压力，他们不惜损害他人的利益。心理健康的孩子则非常勇敢，适应能力非常强，他们具备普适的理性与推理能力。而那些被宠坏了的孩子不具备这些特质与能力，他们不过是颇具小聪明的懦夫。此外，他们的行为模式受到极大的限制，总是强迫性地重复犯同样的错误，性格专横的孩子改不了他们的脾气，有扒窃恶习的孩子很难摒弃他们的习惯，神经症患者总免不了以焦虑的态度面对生活中的任务，瘾君子们离不开毒品，性反常的人难以舍弃他们的性癖好。他们排斥其他行为模式，只敢在狭窄的前进之路上书写自己的人生，他们懦弱、不自信，带着强烈的自卑情结，在生活中总习惯封闭自我，拒绝其他可能性。

　　这些"宠儿"们的异想世界与真实世界千差万别，他们的人生观、人生意义以及对人生的理解都与常人不同。面对不断进化的人类世界，他们根本没有适应能力，于是，他们的生活充斥着无休止的矛盾，他们与周遭的世界不停冲突，且难免伤及他人。积极活跃的儿童与被动消极的儿童都有可能被宠坏，等这些"宠儿"们成年后，他们可能变成罪犯、自杀者、神经症患者以及瘾君子等，但是他们并不完全一模一样，他们之间也存在细微的差别。此外，面对他人的成功，他们会表现出强烈的嫉妒，与此同时，他们自身又不会付出努力追求成功，这一点实在是让人难以忍受。他们仿佛陷入了一个怪圈，走不出失败的恶性循环，无价值感总在他们心中徘徊。面对生活中的任务，他们习惯性退缩，而且总可以为自己的后撤找到"合情合理"的借口。

不过，有很多"宠儿"在生活中获得了成功，他们善于从错误中吸取经验教训，以此克服了溺爱对其的不利影响。

要想得到治愈并改变自己，"宠儿"们必须寻求精神层面的解放，他们要真正认识到自己原来的生活风格其实是错误的，并重构自己的生活风格。与其补救于已然，不如防止于未然。我们要爱孩子，而不是溺爱孩子。家庭成员们要深知这一点，尤其是家庭中的母亲，一定不能溺爱孩子。老师们接受过专业的心理培训，知道如何识别并修正"溺爱"引起的后果，他们可以多花些心思关注孩子们的表现。溺爱孩子是件非常危险的事情，会对孩子以后的人生产生极其不利的影响。

经个体心理学证实，个体的生活风格决定了个体的人生观，且个体的人生观是其生活风格的一部分。由此，哲学家与心理学家对人的内在世界具有不同的解读，这听起来可能令人费解，但却是事实，每个个体都基于自己的人生观发展自己的心智。一位自小被宠坏了的个体会秉持错误的人生观，他认为个体的需求应该被无条件满足。

生活中之所以出现麻烦，是因为有些需求没有得到满足；个体之所以会失败或者成为神经症患者、精神病患者、青少年罪犯、自杀者以及变态，是因为他们压制了自己的需求与愿望。这一类被宠坏了的人认为世界总是充满恶意，认为人类社会总归是要灭亡的。于他们而言，社会兴趣是人类出于幻想或恐惧强加在个体身上的神秘教条，"爱邻如爱己"也是荒谬可笑的，他们最珍视自己与母亲之间的关系，母亲代表了溺爱他们的群体。由此，他们会自动屏蔽其余他们不认同的观点。

有些心理学家害怕自己处于不利地位，为了避免受到批评，他们只看重那些在实验室得出的结论，只相信数字。数学法则给予他们安全感，离开了数字，他们就变得急躁易怒。数学确实可以给人安全感，很多人将数学法则当成理论的支撑点。但是我们的研究对象是人类的心智，心智是人类进化的产物，数百万年来，人类的心智一直在不断变化。个体的心智就像奇迹一样，在面对外界问题时，每个个体应用心智处理问题的方法千差万别。此外，人的身体及人类遗传下来的特点只是大环境中的一部分。

那么个体心理学领域呢？难道支持这个领域的个体没有自己独特的人生观吗？在分析个体与外界问题的关系时，难道他们没有自己的观点吗？答案是肯定的，个体心理学家也有自己独特的观点。然而，首先，比起其他心理学家，我们这些个体心理学家的人生观会更为客观一些。其次，我们明白自身会深受自己的人生观的影响，而其他人则只能懵懵懂懂地接受生活中的强迫性重复。个体心理学家们会从更为客观的角度看问题，同时也更加自律。最后，个体心理学派还具备另外一个重要的优势，我们相信人格的统一性。分析个案时，如果个体以一种不合理的方式应对生活的某一方面的问题，那么他很可能也会以相似的解决方式应对生活中的其他问题。他不仅仅是在某一方面缺乏社会情感，这种社会情感的缺乏会体现他生活的方方面面。只有将个体行为与整个社会联系起来，我们才能正确分析藏匿在个体行为背后的潜台词。

第十章

到底何谓"神经症"？

　　有些人年复一年思考着这个问题，即"神经症"的本质到底是什么？他们明白自己需要得到一个清晰且直接的答案。如果我们以找出解释为目标，对相关文献进行探讨，我们会发现"神经症"的定义多种多样，这些定义十分混乱，我们无法找到一个统一的解释。

　　如果遇到难以琢磨透的问题，我们通常会找到众多解释，不同阵营的说法不断涌现。"神经症"便是一个这样的问题，各种解释和说法让人眼花缭乱。有人说它是易怒症，是一种易怒的癖好；有人说它是内分泌腺疾病、生殖器疾病，或者是由牙齿或者鼻子发炎引起的症状；有人说它是神经系统衰弱，或是由激素紊乱引起的症状；有人说它是由先天性尿酸水平不稳定或分娩创伤导致的病症，或是由于与外界、宗教及种族等方面的冲突引起的症状；有人说它是由强烈的潜意识与意识倾向于互相妥协时的冲突引起的症状，是压抑性冲动、施虐倾向及犯罪冲动时产生的后果，是由城市中的噪声与危险因素引起的症状，是由过于宽松或者过于严格的养育方式导致的后果，是教育导致的结果，而且尤其受到家庭教育的影响；有人说它是特定条件反射下发生的现象。

在这些观点中，我们可以找到大量富有价值的信息，这些信息可以对"神经症"的一些相当重要的症状做出解释。虽然有些个体的症状与"神经症"的大部分症状一样，但是他们并未真正患有"神经症"。到底何谓"神经症"？首先，它的发病率极高，且易导致极其灾难性的社会后果。其次，小部分患者得到了治疗，但尽管得到了相关治疗，他们仍需终生忍受"神经症"所带来的巨大痛苦。此外，连很多非专业人士都对"神经症"的研究表现出了极大的兴趣，我们需要在更广阔的裁决平台上，对"神经症"进行冷静、科学的阐释。如果要了解"神经症"以及其治疗方法，我们需要掌握大量医学知识，要明白对"神经症"的预防是可行且必需的，且要对导致"神经症"的因素具备更清晰的认知。为了预防并了解最初那些易被忽略的微小病症，我们可以采取何种措施呢？这实际上属于医学范畴，然而，这也离不开家人、老师、教育家以及其他人的帮助。也正因此，有关"神经症"的本质与起源的信息得到了广泛传播。

一直以来，不少武断的定义广为流传，如今我们需要对这些定义进行无条件否定。例如，有人认为意识与潜意识之间相互冲突是"神经症"出现的原因。针对这一观点，其实鲜有讨论，因为支持这一观点的心理学家肯定都知道冲突是万事发生的前提。因此，这一观点无法阐明"神经症"的本质。还有一些心理学家从崇高的科学立场出发，将"神经症"中的器质性变化归因于化学作用，以此来误导大众，这些观点无法阐明"神经症"的本质。由于大众无法对化学作用做出表态，这些心理学家也无法从科学立场为研究"神经症"的本质做出贡献，现存的其他定义也无法告知大众任何新的信息。当个体感到紧张时，他会易怒、猜疑以及羞怯，简言之，处于紧张状态中的人会表现出负面特质，他们会受各种情绪反应困扰，这会影响他们的生活，紧张的状态与引起强烈情绪反应的生活息息相关，这是所有心理学家的共识。许多年前，当我开始阐述大众对紧张的理解时，我发现了处于紧张状态的人会超级敏感，任何一个紧张的人都具备这个特质。由于这个特质会被掩饰，所以在分析某些特例时，可能会较难发现这个特质。但是在仔细研究后，我们发现这些特例也一样极其敏感。个体心理学领域对此进行了更深入的研究，并发现了这种敏感的来源。哪些人不会超级敏感呢？这些人对地球家园具有主人翁意识，坚信不仅要享受家园的美好，也要接受家园的缺点，他们决定要为社会做贡献。超级敏感往往是自卑的表现，从这个角度出发，紧张的人自然会具备其他特质，比如急躁、无耐心。那么哪些人会急躁、无耐心呢？反正自身有安全感的人、自信的人、能与生活中的问题和谐共处的人是不会具有这种特质的。当我们意识到超级敏感以及急躁这两种性格特征的存在后，就能理解为什么有人会生活在强烈的情绪反应中了。除此之外，生活在这种不安全感中的人们会剧烈地挣扎，目的是获得安宁以及安全感，这就是紧张的人们不停驱使自己前进以获得优越感并尽量完美的原因。

在不安全感的阴影下，个体会为了卓越而不断奋斗，以实现自己的"雄心抱负"，而这种"雄心抱负"仅仅涉及当事人的个人理想与追求，那些陷入困境的个体尤为容易陷入这种境遇。这种对卓越的追求有时会以其他形式出现，比如贪婪、嫉妒等，而这些理所当然会招致千夫所指。有些个体会表现出另一类问题，在遇到困难时，由于不相信自己有能力找到直接的解决办法，他们会竭尽全力以各种"小聪明"解决困难。此外，强烈的自卑感往往伴随着勇气的缺乏，他们巧妙地回避生活中的问题，试图减小生存的难度，将遇到的困难甩到别人的肩膀上。这是对责任的逃避，逃避责任的人往往对其他人漠不关心。很多人或多或少持有这种态度，但是我们并非在此批评或者谴责这些人。如果个体拥有自觉的责任意识，那他就不会犯下严重的错误。我们所讨论的这些个体不过是错误的生活态度的受害者，这些人有生活目标，在追求这些目标的过程中，他们会与自己的理性产生冲突。到目前为止，我们仍未谈及紧张状态的本质及诱因，也未谈及哪些因素促成了它的形成。但是我们之前提及了紧张的人缺乏勇气，他们面对人生任务时犹犹豫豫。当遇到人生中的问题时，他们的解决成果乏善可陈。他们解决问题的次数屈指可数，这无疑可以追溯到童年的影响。作为个体心理学家，我们对这个观点并不感到惊讶，因为个体在童年早期就已形成自己的生活风格，且其生活风格很难再改变。如果我们讨论的这些个体意识到了自己成长中的错误，能够以全人类的福祉为出发点，有心力再一次与其他人产生联系，那么他们将能改变自己的生活风格。

　　比起那些逃避问题的儿童，有些儿童过于积极地解决人生中的问题。如果这些儿童在之后的人生中遭遇失败，他们绝不会陷入紧张状态。他们的失败会被转化成另外的形式，他们可能会成为罪犯、自杀者或者酒鬼。他们可能成为"困难型"学生中最糟糕的一种，但是绝不会成为紧张的人。到底何谓"神经症"？我们现在离答案近了一步。紧张的人仅在很小的范围内活动，与更为正常的人相比，他们的活动范围受到限制，而不紧张的人拥有更大的活动范围，具体原因是什么呢？我们有必要对此有所了解。如果我们证明儿童的活动范围可以得到扩展或者受到限制，如果我们明白错误的教学会让儿童的活动范围缩减到最小，那么我们就能理解以上所提及的现象并不受遗传因素的影响，而是儿童自我创造力的产物。儿童以身体状况和对外界的认识为基底来构造自己的性格。我们要留意到紧张的人身上的病症都是慢性的、长期的，这些病症包括特定器官的生理性障碍、心理的冲击、焦虑的表现、冲动的想法、抑郁的症状（这些症状似乎有特殊的意义）、神经性头痛、强迫性脸红、强迫性清洗以及其他类似的心理表现形式。这些症状长期存在，如果我们尝试探索奇思妙想背后那些晦涩难懂的内容，如果我们乐于承认这些症状的发生与发展有其特殊的含义，如果我们寻求这些症状之间的联系，我们会发现儿童遇到的任务有很高的难度，这些任务对他们来说难度太大了。从这个角度出发，我们似乎可以理解这些症状的本质了，且这个本质还是恒定不变的。个体在面对某个特定的、明确的任务时会做出特定的反应，这些反应导致了上述病症的发作。那么个体在解决问题时为什么会感到困难呢？这些困难到底存在于何处呢？我们对此展开了深入的调查。个体心理学对此有所定论，人类在成长过程中会遇到各种各样的问题，要解决这些问题，就必须做好充分的准备工作，准备好去应对各种社会情形。儿童必须尽早做好准备工作，因为只有具备了这个认知，他们才可能在之后的人生道路上完善自己的应对能力。个体所遇到的问题会为其带来冲击，要解释清楚这个观点，我们得谈一谈冲击的影响。冲击分为很多种，有时它可以指一种社会问题，比如说在友情中遇到挫折。有哪位读者没经历过友谊中的挫折？或者没有因此受到过冲击？不过，受到冲击并不是神经疾病的症状之一，只有当这种冲击长期存在并变成一种慢性疾病时，它才会成为神经疾病的症状。在这种情况下，我们所讨论的这一类人会以猜疑的态度回避所有亲密关系，他们会害羞、尴尬，并出现一些身体症状，如心跳加速、流汗、肠胃不适、尿频尿急等，以至于无法与其他人建立更为深入的关系。这种情况在个体心理学领域有着非常清晰的意义。这类个体未充分具备与他人亲近的能力，他们会因此受挫，也会因为这种沮丧感孤立自己。现在我们对神经紧张的状态有了一些了解，离"神经症"的本质又近了一步。我想举个例子，如果有人在生意中损失了金钱，并因为这个损失而受到冲击，他此时还未陷入神经紧张的状态。但当他持续受到这种冲击的困扰，而且除此之外，他没有任何其他感受时，那他已经陷入了神经紧张的状态。他为何会如此呢？因为他的合作能力未得到充分发展，他希望自己能事事得偿所愿，只有成功才能驱使他前行。当这类个体遇到感情问题时，他们也会有类似的表现。处理好感情问题并不是件简单的小事，要想处理好，必须有一定的经验、体会以及责任感。处于神经紧张状态中的人在这方面会有哪些表现呢？他们会因为感情问题激动又愤怒，在被拒绝了一次后便不再采取任何行动。为了逃避感情问题的困扰，他们会产生很多情绪，并在这些情绪中找到放弃的理由。他们会形成逃避和

放弃的人生观，并长此以往受到这种人生观的影响。面对攻击
和批评，人人都会受到冲击，人人都得遭受这种冲击所带来的
影响。如果有人未准备好应对人生中的挑战，那么他们将长期
受困于这种冲击所带来的影响，他们将停滞不前。我们在前文
已证实了这种停滞的存在，有些人未做好充分准备应对人生中
的问题，有些人自童年开始从未真正与人合作过。然而，我们
也要明白那些神经紧张的人是受害者，他们正遭受着痛苦。假
设我去建议别人给他们自己找些罪受，即建议他们去解决一些
他们无法解决的问题，他们是不会听从我的建议的。因此，如
果有人认为那些神经紧张的人主动制造痛苦或者故意想生病，
我们要立即表示反对。毫无疑问，我们讨论的这类个体的确遭
受着痛苦。但是他们宁愿忍受眼前的痛苦，也不愿去解决问
题，因为在解决问题的过程中，他们可能会失败，这种失败带
来的痛苦更让人难以忍受。他们宁愿忍受神经紧张所带来的痛
苦，也不愿让别人知道自己毫无价值。神经症患者和正常的人
都害怕别人知道自己的失败之处，但是前者尤为害怕。到底什
么是超级敏感、急躁、强烈的情绪反应以及个人的雄心抱负
呢？它们到底意味着什么？我们要试着去理解它们的意义。只
要神经症患者发现别人可能会知道他们毫无价值，他们绝不会
在问题的解决上再有任何进展。那他们在受到冲击的影响后会
处于什么精神状态呢？他们不想受到影响，但是这些影响的确
存在于他们的生活中，心理冲击会引发相应的后果，挫败感以
及恐惧也会影响他们，他们恐惧别人会发现他们毫无价值。但
是他们并不想与这些影响做斗争，他们也不明白摆脱了这些影
响后会有怎样的感受。他们想消除这些影响，于是反复述说

着："我想好起来，我想摆脱这些症状。"因此，他们会去寻求医生的帮助，但是他们没有意识到这会加深他们的恐惧，他们会更加害怕别人发现他们毫无价值，毕竟这是不可告人的秘密。然而，这个秘密可能会莫名其妙地被人知晓。我们现在对神经紧张的状态有了具体的了解，神经紧张的人试图避免显露更大的罪恶，他们不计成本地强撑场面，展示自己的价值。同时，他们又希望可以不付出任何代价便实现这个目标，但这是不可能的。激励、惩罚、严厉或者胁迫他们都是没用的，他们必须完善自己的准备工作，以更好的姿态应对人生中的问题，以在社会上站稳脚跟。不过，很多人在能够自主选择行为时依旧选择自我阉割，而不是解决问题。要实现这个目标，他们必须按部就班地做好准备工作，以获得安全感并一步步解决问题。否则，他们会感觉自己面临着深渊，害怕自己会被推下去，害怕别人发现自己毫无价值。

一位三十五岁的律师详述了自己的症状，他感到神经紧张，脑后部持续疼痛，肠胃总有各种各样的不适，反应迟钝，全身虚弱乏力。此外，他还总是情绪激动，坐立不安。在和陌生人交流时，他总担心自己会失去意识。他在家里和父母相处时，感到轻松自在很多，但是也并不总是愉快的。他觉得这些症状会影响他的事业。

经过一系列的临床检查，发现这位律师除了患有脊柱侧弯外，身体并没有其他问题。由于精神抑郁，他的肌肉张力消失，这个症状和脊柱侧弯便是他枕骨与脊柱疼痛的原因。他的坐立难安让他时常感到疲倦，这种疲倦和头脑迟钝都是抑郁的部分表现。我们从综合诊断的角度分析这个案例，很难解释患者的肠胃出现各种问题的原因，但这些肠胃问题的出现可能是一种偏好，即自卑的器官在受到心理刺激时所产生的反应。患者在幼时频繁受到肠胃不适的困扰，他的父亲也是如此，而他们的肠胃器官本身都是健康的。此外，他只要一兴奋，就会没胃口，偶尔还会呕吐。

　　患者分享的一些琐事能帮助我们进一步理解他的生活风格，他的坐立不安说明他一直坚持追求成功。他说他就算待在家里也感觉不舒服，这在某种程度上也证实了他对成功的追求。他恐惧与陌生人交流，恐惧进入外面的世界，这种恐惧如影随形，就算他待在家里，这种恐惧也有一席之地。他害怕失去意识，我们以此为切入点了解他的神经症的运作方式。他告诉我们，当遇见陌生人时，会先入为主地认为自己即将失去意识，这种想法人为地加剧了他的焦虑不安，他在说这话时也没有意识到自己正在向我们分享这些内容。为什么患者会无意识地"故意"加剧自己的焦虑不安，让自己陷于混乱的状态呢？我们认为有两个原因，一是患者只是粗略了解自己的症状，并不了解这些症状与自己的行为模式之间的联系，这个原因并不被普遍接受。二是患者带着强烈的放弃心理，遇事会预先退缩，且这种放弃、退缩的力量是持续的。很久以前，我在《论神经症性格：个人主义心理学与心理疗法之比较概述》一书中对此进行了详细描述，将其定义为神经症最重要的症状。在这个案例中，患者尝试让自己振作起来，但是这些尝试都是无效的，我们认为患者的放弃、退缩症状与这种无效的尝试密切相关。社交、工作与爱情是生活的三大任务，患者明显没有做好应对的准备，在面对这些任务时，他心里焦虑不安，这种焦虑不仅影响他的身体，会引起身体机能的变化，还会影响他的心理状况。当然，这种焦虑不安仍有待证实，我们目前仅运用综合诊断法，结合个体心理学的经验与医学心理学的直觉对此进行推测，患者的准备不足导致了其身体与心理的机能失调。他在以前经历了一些不值一提的失败，这些失败的经历可能对他造成了阴影，他会因对外界因素的恐惧而退缩，他感觉自己一直受到失败的威胁。因为自小受到宠溺，他对其他人不感兴趣，他为自己定下了目标，不断追求优越感，但他发现这个目标越来越难以实现，所以这种威胁感尤为强烈，不过这需要我们稍后加以证实。由于担心遭遇决定性的失败，患者会处于强烈的焦虑中，这种情绪绝非字面意义上的焦虑可以展示的，于是患者出现了神经症和精神病的一些症状。身体素质和心理素质都是这些症状的起因，身体素质是先天决定的，而心理素质是后天习得的。这两者之间互相联系，互相影响。

那什么是神经症呢？毫无疑问，个体心理学为此做了大量研究，以阐明在应对生活中的任务时，有些个体做了充分的准备，而有些个体并没有准备好，且在这两种情况之间，存在很多其他情况。根据个体心理学，个体由于外界因素的影响而无法解决生活中的问题，这会对人们的身体与心理造成各种各样的影响。有些人未做好准备面对生活中的任务，这种现象可追溯至童年早期，成长经历或者各种情绪都无法改变这种现象，只有更深入地了解这种现象，才有可能做出改变。此外，个体心理学还发现，社会情感是生活方式的积分因子[1]，生活中所

---

[1] 积分因子是一种用来解微分方程的方法。

有问题的解决都需要社会情感的参与。伴随着挫败感而出现的各种身体与心理现象即为自卑情结。毫无疑问，相对于做好准备的个体来说，那些未准备好的个体更容易受到冲击的影响。相对于勇敢的个体来说，那些总期待从外界寻求帮助的懦夫们更容易受到冲击的影响。人人都会受到冲突的困扰，都会在身体上或心理上感受到冲突的存在。我们拥有肉体框架，需要面对外界的社会环境，因此，在面对外面的世界时，人人都会感到自卑。面对人生的严苛要求，个体常将遗传性器官缺陷作为逃避的借口，影响儿童的环境因素并不能帮助他们构建"正确的"生活风格。溺爱和忽视常常会误导儿童，让儿童处于社会情感的对立面，溺爱的误导性尤为强烈。此外，儿童多半在没有任何合适的引导下发现自己的行为准则。他们会遵循反复试错得出的准则，这些准则并不正确，他们会根据这些准则自由地做出个人选择，这些个人选择范围很广，不超过人类本身的极限即可。但与此同时，他们以获得优越感为目标，并为此不停奋斗，优越感具有无数的表现形式。儿童以自己的创作能量为基础，运用对世界的所有印象与感知，发展自己的行为规律，构造自己的生活态度，这种生活态度将伴随其一生。个体心理学强调了这个结论，随后，这个结论被格式塔心理学中的"态度"（attitude）或者"结构"（configuration）所代替。

但是这个"态度"或者"结构"没有将人类个体看成一个整体，也没有考虑到个体与生活中三大任务的联系，更没有认可个体心理学在这方面的成就。神经症会影响人们的身心健康，那么它是一种冲突吗？"困难型"孩子、自杀者、反对派罪犯、愚蠢又极端激进的狂热分子、吃了上顿没下顿的懒鬼以及深感周围压力的浪荡子都会遇到这种冲突吗？这些人遵循着自己错误的行为准则，与个体心理学所强调的"真相"背道而驰，与"永恒的视角"中的"正确"相矛盾，与理想社会的必然要求相冲突。这些冲突与矛盾极大地影响了他们的身心健康，且这种影响具有各种各样的表现形式。但是这就是神经症吗？如果理想社会中的必然要求并不存在，如果每个人都能遵循自己那些错误的行为准则或者都能使用更好的表达性动作，如果人人都能满足自己的本能和条件反射，那么冲突将不复存在。但是没有人敢提出这种荒谬的要求，如果我们忽视个体与社会之间的联系，或者尝试将两者分割开来，那么此时我们可以小心翼翼提出此要求。每个人或多或少都欣然服从理想社会的铁律，只有被完全宠坏了的孩子才会有不切实际的期待与要求，用贺拉斯[1]的批判之词来说，就是："要试图征服。"（Res mihi subigere conor.）这句短语意译为："利用社会贡献来为自己服务，但是不为社会做出任何回报。"人类之间密不可分，理想社会也有着严苛的标准，尽管如此，还是会有人提出"为什么要爱我的邻居？"这样的问题。只有具备足够的社会意识，将这种社会意识铭记于心，将其与自己的行为动向相融合，并形成遵照社会意识去生活的日常习惯，人们才能去解决在社会中遇到的各种冲突。

　　人人都体验着自己生活中的冲突，神经症患者也是如此，他们还会尝试去解决冲突，这是神经症患者与其他患者不同的地方。他们会用各种各样的方法去解决冲突，在这些解决方法

---

[1] 昆图斯·贺拉斯·弗拉库斯，奥古斯都时期的著名诗人、批评家、翻译家，代表作有《诗艺》等。他是古罗马文学"黄金时代"的代表人之一。

中，常会出现神经症的部分或者综合症状。自童年开始，神经症患者遵循着自己的行为动向，一遇到问题就退缩，他们害怕在处理问题时会遭遇失败，从而损害自己的自尊心，影响他们追求优越感，阻碍他们成为佼佼者，而他们的这些追求与社会情感风马牛不相及。他们以"成王败寇"为自己的座右铭，时常感受到失败的威胁，超级敏感、没有耐心且十分贪婪，带着强烈的情绪生活，仿佛生活在敌对国一样，这些给他们带来了更频繁且更激烈的冲突，因此，在面对冲突时，他们会更容易退缩，毕竟这是他们的生活风格。自童年开始，他们便开始训练和测试这种战术性退缩，这种退缩很容易披上惑人的外表，被视为婴儿时期的愿望。但是他们对这些愿望的出现并不在意，他们只在乎自己的退缩，而且愿意不计一切代价完成退缩。我们有可能将他们付出的代价误解为"自我惩罚的形式"，但是他们对自我惩罚也不在意，他们只在乎通过退缩获得的解脱感，这种解脱感能维护他们的自尊。

现在我们终于能理解个体心理学所强调的"安全感"（security）有多重要了，要理解"安全感"的概念，我们必须把它放在整体环境中，赋予它最重要的地位。神经症患者通过退缩获取安全感，生活中的一些问题让他们感受到失败的威胁，这些问题会给他们带来身体上和心理上的冲击，为了为自己的退缩辩护，他们会主动加剧这些冲击。

神经症患者宁愿选择忍受退缩带来的痛苦，也不愿意经历个人价值感（personal worth）的崩塌，个体心理学反复强调过这种个人价值感的力量，精神病患者常表现出强烈的个人价值感。我把这种个人价值感称为优越情结，对于神经症患者而言，优越情结的存在感尤为强烈，当他们的优越情结不得不面对现实生活的考验时，他们会欣然转移自己的注意力。这种优越情结驱使他们前进，为了为自己的退缩找借口，他们会拒绝和忘记一切阻碍他们退缩的事物，他们只关心与退缩有关的想法、情感以及行为。

神经症患者把所有注意力都放在退缩上，在他们看来，每前进一步都是在坠入深渊，他们害怕往前走，所以他们竭尽全力，使出浑身解数，运用战术性退缩，安心又坚定地落在后面。他们放大那些冲击对他们的影响，把全部注意力放在经历过的冲击上，同时又没有考虑到另外一个重要因素，即他们害怕承认自己离那些崇高又自负的目标还很远。此外，他们在展示情绪时，会人为地为这些情绪披上一层外衣，仿佛这些情绪是出现在梦里的，并坚持他们那些与常识相悖的生活风格。由此，他们可以与安全感紧紧相偎，毕竟安全感能保护他们免遭失败。神经症患者认为别人的看法和评价会对他们产生威胁。在旁观者眼中，在某些情境中，神经症的发作是情有可原的，但是在其他情境中，神经症的发作让人无法理解。总而言之，神经症指利用过往受到冲击的经历保护受到威胁的自尊。如果采用更简短的说法，神经症患者的思维方式就是"可以……但是"，"可以"代表他们对社会情感的肯定，"但是"代表退缩以及退缩的理由。

再聊回我们之前提到的那位律师患者，他在大学毕业后找了一份工作，当时他在一个律师事务所里当助理，不过他只在那儿工作了几个礼拜就离职了。由于各种各样的原因，他换了几次工作，最后决定献身于理论研究。他后来被邀请去主讲一个法律讲座，但是他拒绝了，因为他无法面对一大群听众。那时他三十二岁，正受到神经症的困扰。他的一位朋友想帮助他，提议和他合作主讲讲座，他提了一个条件，希望自己可以先发言。他颤抖着走上讲台，脑子里一片混乱，担心自己会失去意识，他当时眼前只有一片黑点。讲座结束后不久，他的肠胃开始不适，如果要他在公众面前再发言一次，他就觉得自己会离开这个世界。在经历了这次讲座后，他很快换了新工作，开始当小朋友们的老师。

他曾咨询过的一位医生为他提了一个建议，如果他想好起来，他就需要有性生活。我们可以预料到这个建议对他而言有多荒唐，他一听到这个建议就开始退缩了，他担心染上梅毒，心里涌起了很多道德顾虑，害怕被背叛，甚至担心自己会有私生子并因此被控告。他的父母建议他结婚，他听从了父母的建议。他们给他相中了一个女孩，他后来与这个女孩结婚了。他的妻子怀孕了之后就回娘家了，她表示无法忍受丈夫居高临下的态度，他永远在批判，太自以为是了。

这个患者抓住每一个微小的机会展示自己的傲慢，与此同时，一遇到任何不确定因素，他就立刻退缩。他不会为自己的妻子和孩子而烦恼，他只专注于如何避免自卑心理，比起追求自己所渴望的成功，他在避免自卑心理上花了更多心思。当他面对生活中的问题时，总会让自己处于失败的境地。他会让自己陷于极度焦虑的状态中，脑海中不断浮现那些令他害怕的事物，这些事物为他的退缩提供了理由，由此，他退缩的冲动会更加强烈。

我们将从两个方面来提供更强有力的证明。首先，为了确定患者在童年时期受到误导构建了错误的生活风格，且这种生活风格伴随他至今，我们需要从患者的童年早期开始研究。其次，同样也是为了论证他的生活风格，我们要观察患者的日常生活，以提炼出其他更深层次的影响因素。如果那些更深层次的影响因素与研究其童年早期的结果不谋而合，那么上述两个方面的研究结果都证实了我们对患者的诊断。如果那些更深层次的影响因素与研究其童年早期的结果并不一致，那我们的观点也要相应改变。

据患者所说，他的母亲性情温和，对他极度宠溺，他非常喜欢她。此外，她对他期望很高。他的父亲没那么宠溺他，但是只要他一哭，他父亲就妥协并答应他的要求。在其他家庭成员中，他最喜欢的人是一个弟弟，那个弟弟对他极度崇拜，唯命是从，像条狗一样追在他屁股后面跑，总是很听从他的指挥。这位患者是他家庭的希望，在其他兄弟姐妹面前也为所欲为，所以他一直都处在非常轻松舒适的环境中，不具备应对外界问题的能力。

他第一次去上学时，就表现出了上述特质。当时，他是班上年龄最小的孩子，难免处于劣势地位，他对此很抗拒，便以年龄小为借口，转了两次学。他极度渴望超越他的同学们，希望自己比他们优秀。如果落后于他的同学们，他就会经常迟到或者开始退缩，会头疼、肠胃不适，并以此为理由离开学校。在这期间，如果他的成绩排名不靠前，他和他的父母都会将此归因于频繁缺课。同时，他也会强调他的知识比其他同学更加渊博，阅读量也更大。

他的父母耐心地哄他睡觉，对他精心照料。他一直是一个脆弱的孩子，为了让他母亲日夜都忙于照顾他，他经常在睡梦中哭泣。

　　他不理解自己的那些症状到底有什么意义，也不理解那些症状之间有什么联系，那些症状展现了他的生活风格。他躺在床上熬夜读书，直到凌晨才睡，是为了享受第二天可以晚一个小时起床，以逃避一部分生活问题，而他自己没有意识到这一点。比起和同性相处时，他和异性相处时更加害羞，这种羞怯感伴随着他整个青春。在面对生活中的问题时，他总是缺乏勇气，无论如何都不愿意冒险伤害自己的虚荣心。他坚信自己可以得到母亲的爱，但不确定自己可以得到其他女性的爱，这两种态度形成强烈反差。在结婚以后，他想在婚姻中占据主导权，就像在和他母亲的关系中一样，他想成为注意力的中心，但是他当然不可能如愿。

　　现在我们明白要从人们儿童早期的记忆展开对生活风格的研究，但人们往往将这些记忆尘封。这位律师患者打开了记忆阀门，想起了自己最早期的记忆，他描述道："我年幼的弟弟去世了，我的父亲坐在屋外痛哭。"这让我们想起他之前谈到的演讲经历，他从演讲地点逃回家中，自暴自弃，甚至想离开这个世界。

　　个体对待友谊的态度可以清晰显示出其与他人共同生活的能力。这位患者承认他的友谊都只能维持很短的一段时间，他总是想在友谊中占据主导地位，我们认为他这是在剥削其他人的友谊。我们语气柔和地告知他这一点，他回答道："我不相信有人会为了集体利益而奉献，每个人都只看重自己的个人利益。"这是一种退缩的表现，他为此做了充分的准备，以下的事迹说明了这一点。他很想写文章或者出书，但他每次开始写作时，便会感觉非常焦虑，这种焦虑让他无法思考。他表示自己在睡前必须看会儿书，不然睡不着，但是一开始看书，他会感受到头脑中有一股巨大的压力，这股压力让他失眠。他的父亲在不久以前离世了，当时他正要去拜访另一个小镇，他本来即将在那个小镇上工作，但是他给自己找了个借口，拒绝了工作邀请，他觉得他宁愿死也不愿意去那儿工作。后来他收到了来自家乡的工作邀请，他依旧拒绝了，表示自己如果答应入职，入职前第一晚会失眠，这会让他第二天工作表现不好。他需要先让自己的状态好起来。

　　现在我们来看看患者所做的梦是如何体现他的行为动向的，这个行为动向就是之前所概括的"可以……但是"。我们运用个体心理学中的技巧来分析梦境，梦里的信息早已体现在患者的日常行为中。通过运用那些正确的方法，并选择合适的梦境内容，我们可以看到患者在自己行为动向的指导下，人为地强化自己的情绪，尽心坚持着与常识相悖的生活风格。此外，我们还能发现患者非常恐惧失败，这给他带来了巨大的压力，很多症状也由此出现。他向我们描述过一个梦，他说道："我本应该去拜访朋友，我的朋友住在桥的另一头，桥上的栏杆颜色明亮，看得出来是新粉刷的。我想看看水面，便斜靠着栏杆往下看，这让我的腹部感到不适，我感受到了疼痛。我告诉自己不要往下看，可能会摔下去。但是我冒险又靠在了栏杆上，往下看了看，迅速跑回了安全的地方，想着还是安全一点好。"

　　在这个梦里，他去拜访朋友，看到了新粉刷的栏杆，这代表着他的社会情感，代表他在重建一种更好的生活风格。他又害怕掉入水中，这清晰地体现了他受"可以……但是"的影响。我们之前提过，每当他恐惧时，腹部就会不适。通过分析这个梦，我们看到了患者对医生所做的努力表示抗拒，看到了他依旧坚持自己那一套生活风格，他觉得自己将遇到危险，为自己的退缩披上了一层防御的铠甲。

　　在遭受了冲击后，受到冲击的影响，患者出现了各种症状，且无意识地强化着那些症状，神经症由此出现，那些极度恐惧自己的自尊感受到损害的人以及自小被溺爱的人尤其容易强化那些症状。我们接着聊一聊对于身体症状的一些观察，一些心理学家围绕这个主题描述了一番想象中的正确结论。他们认为生命有机体是一个整体，在进化过程中，有机体努力追求平衡，即使在艰苦的条件下，人体也尽可能地保持平衡。这种平衡受到诸多因素的影响，包括脉搏的变化、呼吸的深度与次数、血液凝固的速度以及内分泌腺之间的合作。我们由此可得出结论，心理上的焦虑影响着有机体的营养系统与内分泌系统，且会引起分泌的变化。受到冲击的影响，人体的甲状腺也会发生改变。

　　这些变化有时是致命的，我本人就见过这样的病例。这个领域的一位研究大拿曾经邀请我一起合作，一起研究这些变化涉及了哪些心理影响，我们对此进行研究并有了发现。受到心理冲击后，突眼性甲状腺肿患者开始发病。还有些个体在遭遇心理问题后，甲状腺出现了应激反应。

　　我们也对肾上腺应激反应的出现进行了研究，且取得了进展。我们先聊聊肾上腺交感神经综合征[1]，当有机体感到愤怒时，肾上腺素的分泌会增加。一位美国研究者曾做了动物实验，动物们愤怒时，体内分泌了更多肾上腺素，因此，它们的心跳加快，还出现了其他体征变化。我们由此可以得出结论，头疼、脸部疼痛甚至癫痫的发作都有心理层面的原因，受到这些病症困扰的患者总是反复被生活中的问题困扰，很容易出现应激反应。在分析患者遇到的问题类型时，我们要考虑到患者的年龄。如果患者是一位二十岁的小姑娘，我们可以推断她遇到的是爱情问题或者工作问题；如果患者是五十岁的中年女性或男性，那他们遇到的可能是年龄问题，他们恐惧衰老，对此无力招架。在面对生活中的问题时，个体往往看不到这些问题本身，总是先被自己对这些问题的设想所困扰。

只有在认知层面采取措施，才能治疗神经症。患者们需要去分析自己的生活风格，加深自己对此的见解，同时，他们需要不断发展自己的社会情感。

---

[1] 肾上腺交感神经综合征，英文为Adrenal Sympathetic Syndrome，指肾上腺素长期超常分泌，导致血压增高等一系列高张力神经血管病变，致眼部及全身发生严重损害。

第十一章
性反常

　　什么是性反常呢？我在这里会做出纯概念性的解释，我希望读者们不要对此感到沮丧。我相信大部分读者已经很熟悉个体心理学中的基本概念，在个体心理学中，我们为患者们提出尝试性的建议时，会详述很多细节，就如针对症状进行详细的治疗一样。在解释性反常的概念时，我们对性反常的结构的态度与我们对世界的态度并无差别，我们认为针对这两者的研究同等重要。在我们这一代，探讨性反常这个问题并没有那么容易，如今出现了一种强烈的观点，即将性反常归因于遗传。这个角度非常重要，我们不能忽视。但是根据我们的研究，性反常是一种人为的产物，我们可以在患者受到的教育中寻到它的蛛丝马迹，但是患者本人对此却毫不知情。由此可见，我们的观点与其他心理学家的观点具有很大的差别。而即使其他心理学家开始采取类似的立场来支持我们，如埃米尔·克雷佩林（Emil Kraepelin）[1]，我们在研究中遇到的困难依然存在。

---

　　[1] 埃米尔·克雷佩林（Emil Kraepelin），德国精神科医生。艾森克（H. J. Eysenck）的《心理学百科全书》将他确定为现代科学精神病学、精神药理学和精神病遗传学的奠基人。克雷佩林认为精神疾病的主要起因是生物学和遗传功能障碍。

　　为了阐明我们对其他心理学家的态度，我想为大家详述一个病例，这个病例和性变态没什么关系，但是可以作为我从心理学角度出发研究的一个实例。故事的主角是一位已婚女性，她享受着幸福的婚姻生活，是两个孩子的母亲。六年来，她一直与身边的人产生冲突。她有一个相识多年的好友，她们自幼年相识，她一直很欣赏那位好友的才能。她觉得那位好友的性情在近六年内发生了改变，她认为那位好友变得性格霸道、盛气凌人，总是在精神上折磨他人。她觉得自己就是那位最惨的受害者，为了证实这一点，她摆出了很多证据，而她身边的人并不认同这些证据。她坚持道：“我可能在一些方面有点极端，但是整体上来说，我觉得我的看法是正确的。”六年前，那位好友曾在背地里说过一位朋友的坏话，但当面对面交流时，她总是假装非常友善。我的患者担心那位好友也会在背地里嚼她的舌根。为了进一步佐证那位好友的盛气凌人，我的患者转述了那位好友说过的话，即“狗的确很听话，但是很愚蠢。”当时，她说完这话后还瞥了我的患者一眼，眼神里仿佛在说：“就和你一样。”她身边的人听到她的这些看法后，都为那位好友辩护，认为这位患者在无理取闹。

　　在其他人面前，那位好友永远都在展示最有魅力的一面。为了证实她的观点，她对她身边的人说道：“你们知道她是怎么对待她的狗狗的吗？她折磨她的狗，故意让它做一些很难的动作。”她的邻居回复道：“那只是一只狗而已，你不能把它和人相比，她对她的狗已经很好了。”她的孩子们也反驳他们的妈妈，为那位好友辩护，她的丈夫也认为是她想多了。然而她依旧在搜寻证据，尤其是那些针对她的证据，想证明那位好友的确专横跋扈。听完后，我毫不犹豫地表达我的观点，我觉得她是对的，她听到后非常高兴。我们接着又发现了很多证据，后来我采访了她那位好友的丈夫，再一次确认了那位好友的霸道性情。现在我们都明白她的那些看法都是正确的，不过她没有正确利用自己了解到的信息，其实每个人都会贬低别人，只不过我们会对此进行伪装，而且每个人都具备一些好的品质，但是她对此并不了解。她对那位好友采取了完全敌对的态度，不管那位好友做了什么，她总能在里面挑刺，并感到愤怒。她比其他人都要敏感，所以她更能猜到那位好友在想什么，但是她并不能理解那位好友的想法。

　　我想用这个故事来阐明我的观点，即站在正义的制高点是最可怕的。这听起来可能让人惊讶，但其实每个人都深有体会，尽管占据了正义的制高点，但不道德的行为也由此产生。如果这位女性遇到一位没那么敏感的咨询师，她又会经历些什么呢？她会被诊断为被害妄想症患者或偏执狂，她所接受的治疗方式会让她的病情越来越恶化。当我们站在正义的制高点时，我们很难改变自己的观点，所有心理学家都对自己的研究内容充满信心，如果自己的研究受到挑战，都会坚定不移坚持自己的观点。如果有人来挑战我们的研究观点，我们不必对此感到惊讶，不过我们不能一直自以为是，并因此做出一些错误的举动，我们需要对此警惕。很多研心理学家会质疑我们的观点，我们无须因此愤怒，作为科学家，我们应该要极其有耐心。如今在有关性反常的研究中，大部分人都认同遗传因素的影响，他们谈及第三性别[1]，认为每个人一生下就具备了第三性别，此外，他们还认为人类会自发发展自己的遗传因素，这种发展是势不可当的。还有心理学家认为天生的身体构造也是导致性反常的因素。面对各种各样的观点，我们坚持自己的研究方向。

我建议将心理学的各个流派进行分类，有些流派可被归于"占有"类，它们致力于展示人们天生拥有的东西，力图将所有心理层面的内容都归因于遗传。从常识的角度看，这个观点似乎不太站得住脚。在日常生活中，我们往往不会根据一个人拥有的东西来对其下定论，而是关注他如何使用所拥有的东西。比起留意他到底拥有什么，我们更留意他的使用方法。举个例子，一个人拥有一把剑，但他可能不知道怎么合理地使用它，他可能把剑扔掉，可能用剑去劈砍，还可能去磨剑锋，而我们对他如何使用那把剑更感兴趣。因此，有些心理学流派被归于"使用"类。个体心理学以了解每一个个体为目标，关注个体在面对生活中的问题时所采取的态度，着重研究个体如何使用所拥有的东西。个体无法超过自己的能力范围采取行动，他只能在人类可能性（human abilities）的范围内决策，我们无法对这个范围下定论，思维健全的人都理解这一点，我在此不赘述了。本来没必要特意提这一点，因为这是老生常谈的话题了。

---

[1] 第三性别，或称为第三性，是一种概念，一些人按照自己的意愿或被社会分类为男人或女人，本词用于指出那些属于男女两性以外的社会群体。"第三"一词通常意指为"其他"，有些人类学家和社会学家亦曾用到第四、第五、甚至"多"性别的说法。

　　关于对人类可能性的认识，我还要补充一些信息。个体心理学认为，在个体的精神生活中，他的行为动向是影响自身独特性的关键。虽然最好将个体的动作固定下来并将其视为一种形式，但是当我们观察周围的人时，总把他们所有的活动都看成动作。如果我们想为遇到的问题找到解决方法，并克服困难，我们必须将人们的动作看成一种形式。这个观点与享乐主义看似相互矛盾，但是追求享乐是在试图克服某个缺点或者战胜某种痛苦。如果这样理解没有问题的话，那我们也应该这样去理解性反常。只有从个体心理学的角度分析，我们才能理解个体的行为范畴。由此，我们了解了性反常的结构的基本概念。但是每一个性反常患者都有自己的特点，我们还需要付出更多精力进行研究。每一个病例都有自己独特的地方，那些特点可能是独一无二的，我们在面对患者时，需要因人而异提出治疗方案。个体心理学属于"使用"类心理流派，为了发掘个体的独特性，我们需要结合其所处的日常社会环境进行分析，在开始分析患者的癖好前，我们需要对其进行测试，并观察他是如何使用自己的能力的。由此看来，个体心理学成了一门要求严格的实验心理学，我们需要基于患者所处的环境分析，患者所面对的外因对我们的研究最为重要，我们要了解患者是如何面对那些困扰他的问题的。因此，我们需要对其性格的两面展开研究，观察当他面对外部问题时所采取的措施，我们要了解他是如何尽力掌控所遇到的问题的。个体心理学重视观察个体在面对社会问题时所表现出的行为动向，在观察过程中，我们会看到很多种行为动向，它们之间存在细微的差别。面对无数种行为动向，我们需要临时为它们贴上独特的标签，然而，那些我们以为专属于某种行为动向的特质有多种表现形式。我们需要通过观察来理解某种行为动向的独特性，然后引导个体发现自己的行为动向，这一步非常困难。个体需要具备很强的感知力才能发现自己的行为动向，这种感知力是可以后天习得的。除此之外，我们还需考虑到每一个个体遇到的实际问题是不同的，那些问题的重要性不一样，对每一个个体的影响也因人而异。要做到这一点，我们需要有丰富的社会经验以及同理心，能够感知与了解患者的生活风格，换句话说，就是能够尊重患者的个性，看到其个性的整体性。综上所述，我们可以总结出行为动向的两种典型形式，即"后天可习得的"行为动向与"对社会有用的"行为动向。

性反常患者在面对感情问题时，不仅具有以上所提的动作表现，还会选择狭窄的解决路径，这是一个非常典型的特征。他们无法选择正常的解决路径，他们选择的路径是明显受到限制的，只能解决一部分问题，比如会有恋物癖（sexual fetishism）[1]。性反常患者故意将正常的动作表现抛开，而选择那些特定的行为模式，他们这样做是为了战胜自卑感。我们所讨论的"动作"即个人使用自己能力的方式，他们在自己的人生观的引导下，表现出特定的行为动向。这里的"人生观"指他们在无意识的情况下强加于生活的意义，他们无法用言语表达出来，甚至没有具体的概念。由此可知，当他们无法全心

---

[1] 恋物癖（sexual fetishism）是指对无生命物体或性器官以外的身体部位的性固着。在医学上，单纯的恋物并非病态，但若构成了当事人极大的痛苦或对其生活的某些层面构成负面影响，即被视为精神障碍。恋物的类型包括恋袜、恋鞋、恋鼻、恋手、嗜粪癖、恋尿癖等等。恋体可进一步特指对特定身体部位产生性兴奋的情况。它一般在青春期期间显现，且可能在之前便已开始发展。

全意去解决遇到的感情问题，而是和那些问题保持距离，或者浪费时间，非常缓慢地解决问题时，他们也是在尝试战胜那些问题，他们依旧感受到了类似胜利的满足感。我们在此以费边·马克西姆斯（Fabius Maximus Cunctator）为例[1]，他采用拖延战术赢得了一场重要战役，但这仅说明可不必严格遵守规则。性冷淡患者、早泄患者以及其他性功能障碍者也采用类似的方法战胜自卑感。他们远远地看着遇到的问题，犹豫不决地靠近问题，拒绝与他人合作，在这种情况下，他们根本无法解决问题。在这种行为模式的引导下，他们排斥其他行为模式。这种情况还出现在其他患者身上，比如恋物癖患者以及性施虐癖（sadism）患者。性施虐癖患者极具攻击性，这种攻击性无法解决问题，他们犹豫不决，排斥其他行为模式，他们粗暴的性冲动导致了对另一方的压迫，对另一方进行强有力的攻击，他们解决问题的方法是有缺陷的及非常片面的。至于性受虐癖患者，他们解决问题的方法也是片面的。追求优越感的方式不止一种，性受虐方对性施虐方（masochism）下达命令，尽管性受虐方软弱，但是他们仍感觉自己占据了主导权。如果他们选择正常的方法去解决问题，他们可能遭受失败，但选择成为性受虐方，便隔绝了这种失败的可能，他们用这种花招成功战胜了焦虑和紧张。

　　在研究个体的特质时，我们还发现以下事实。当个体坚

---

　　[1] 费边·马克西姆斯（Fabius Maximus Cunctator），全名为"拖延者"昆图斯·法比乌斯·马克西姆斯·维尔鲁科苏斯，古罗马政治家、军事家。费边曾五次当选为执政官，两次出任独裁官，并担任过监察官。费边以在第二次布匿战争中采用拖延战术对抗汉尼拔，挽救罗马于危难之中而著称于史册。费边也因创造过多项游击战术的运用方案而被称为"游击战之父"。

持一种特定的行为模式时，他自然会排斥其他解决问题的方法，这种排斥绝非偶然。个体在有充分准备的情况下选择特定的行为模式，那么他也会在有充分准备的情况下排斥其他行为模式，性反常的出现也基于充分的准备。只有那些研究行为的学者发现了这一点，不过我们还需考虑到另一个观点，正常的行为模式是直面问题并彻底解决问题，我们在研究性反常患者以前的行为模式时，发现其没有为正常的行为模式做任何准备。在了解了个体的童年早期后，我们发现在这个阶段，基于个体遗传获得的能力与潜力，再加上受到外界影响的刺激，个体形成了自己的一套标准。不过，我们无法预测个体将会在其器官的影响下做出怎样的行为。个体在儿童时期可以自由地发挥创造力，此时会出现无数可能性。我一直都煞费苦心地强调这些可能性，且这些可能性不是随意出现的。如果一个孩子的内分泌器官天生就比较虚弱，那他一定会成为一个神经症患者吗？答案是否定的。但一般来说，如果他没有受到合适的教育，发展自己的合作意识，器官对其的影响会逐渐显现。没有人会掌握绝对的真相，每个人都有一些错误的认知。为了尽可能像正常人，个体会表现出合作的意向，来粉饰自己的标准。个体在三岁、四岁和五岁时获得的合作意识将影响其一生的发展，我们可以清楚地看到个体与其他人产生联系的能力。如果以个体的社会合作能力为基准来审视失败，那么所有有缺陷的行为模式都可以归咎于社会合作能力的缺失。此外，由于这类儿童的性格特点，他们会拒绝所有其他行为模式，因为他们并未为此做任何准备。在评价这类个体时，我们要采取宽容的态度，因为他们从未学习如何发展生存所必需的社会兴趣。如果你理解这一点，那你也能理解爱情问题实际上是社会问题，那些不关注伴侣的人无法解决爱情问题，那些不相信自己在人类发展过程中占有一席之地的人也是无法解决爱情问题的。比起那些做好充分准备去解决爱情问题的人，这类个体表现出不同的行为模式。由此，我们可知性反常患者不具备社会合作能力。

　　我们也可以探索错误产生的源头，以理解有些人缺失社会合作能力的原因。其中，最强烈的动机便是溺爱。那些被宠坏的孩子只和溺爱他们的人建立联系，并将其他所有人排斥在外。针对每一种性反常，我们都可以发现特定的影响因素。说回上文所提到的那位先天内分泌器官虚弱的孩子，由于受到器官缺陷的影响，他形成了特定的行为模式，在面对与另一半的感情问题时，他也会以特定的方式去解决。所有的性反常患者不仅在面对爱情问题时会表现出特定的行为模式，在面对任何他们未有准备的考验时，他们都会采用特定的行为模式。由此，我们可以在性反常患者身上发现神经症的所有病症，他们超级敏感，急躁无耐心，容易暴怒，非常贪婪，总为自己找借口，认为自己的所作所为都是被迫的。他们强烈渴望占有，这种渴望引导他们执行隐含在他们的性格中的计划，在执行计划的过程中，他们会剧烈地抗拒其他行为模式，甚至会对其他人产生威胁，如强奸、施虐等。

　　我想展示一下性反常的产生原因，我会举一个例子，证明有些性反常可能是后天训练形成的。我们不能仅仅从物质层面去挖掘性反常患者所做的准备工作，这种准备工作也发生在他们的思维层面以及梦境中，个体心理学尤其强调了这一点。为了证明行为模式在梦境中也有所体现，我会陈述两个梦境。如果你掌握了个体心理学的知识，那你可以尝试从梦境的细节去探索做梦人完整的生活风格。我们要从梦境的内容去理解做梦人完整的生活风格，而不是仅仅考虑梦的隐义。但是如果我们能恰当地理解这些隐义，并将它们与做梦人的生活风格正确地联系起来，我们将更了解做梦人在面对问题时所采取的态度，他在自身生活风格的驱使下，不得不以这种态度面对问题。我们现在就像侦探一样，虽然无法掌握所有必需的重要信息，但是我们得尽可能锻炼我们的推测能力，以拼凑出一个完整的做梦人形象。

第一个梦的内容如下：

"我梦到自己要参与下一次战争，所有十岁以上的男性都必须参军。"

这是做梦人阐述的第一句话，由此，个体心理学家可知这个孩子极为关注生活中的危险以及其他人的冷酷无情。

"那天晚上，我醒来发现自己躺在医院的病床上，我的父母坐在床边。"

由此，我们可知这是个被父母宠坏了的孩子。

"我问他们发生了什么事，他们说战争爆发了，他们非常不想我受到战争的影响，不想让我去参军，所以他们让我做了变性手术。"

由此，我们可知他的父母对他极为担心，他的意思是：如果我遇到危险，我就寻求父母的庇护。这是生活在溺爱中的孩子的思维。我们现在可以看到做梦人的性反常问题了，他在梦中不确定自己是男性还是女性，他对自己的性别角色产生了怀疑。要知道，这个做梦人是一位十二岁的男孩，这一点会让很多人感到惊讶。现在我们来分析这位男孩为什么会不确定自己的性别。当他遇到生活中的一些问题，比如说战争时，他感觉自己无法去面对，他表示抗议。

"女性不用参军，我成为女性后，如果我去参军，那些枪火炮弹不会伤害到我原有的阴茎了，因为那时我的阴茎已经被手术处理掉了。"

他觉得他的阴茎会在战争中受到威胁，他害怕自己被阉割，这体现了他对战争的厌恶。

"我回到家，战争奇迹般地结束了。"

所以没必要做变性手术了，他接下来会采取什么行动呢？

"我现在没必要变成女性了，以后可能不会再有战争了。"

他没有完全放弃自己的男性角色，我们可以把这一点和他的行为模式联系起来。他尝试在男性化的道路上继续迈进。

"待在家时，我非常不开心，常常大哭。"

只有被宠坏了的孩子才会常常大哭。

"我父母问我为什么要哭，我告诉他们，我害怕成为女性后，要忍受生孩子的疼痛。"

所以就算他成了女性，他依旧不满意。现在我们越来越明白他的目标到底是什么了，他想避开所有困境。通过分析性反常的病例，我发现性反常患者在儿童时期受尽溺爱，深陷在无知里。此外，他们希望付出即刻就得到回报，渴望即刻的成功，追求优越感。在上述案例中，做梦人不清楚自己到底是男性还是女性，那他应该做些什么呢？不管成为男性还是女性，他都不开心。

"第二天，我去了探路者俱乐部，我在现实生活中也是这个俱乐部的成员。"

我们已经能够想象出他会在俱乐部里有何表现了。

"我梦到俱乐部里面有一个形影单只的小女孩，她和男孩子们分开站着。"

他尝试为两个性别定一个界限。

"男孩子们叫我去和他们站在一起，我告诉他们，我其实是女的，所以我去和那个女孩子站在了一起。我不再是男性了，心里觉得有点奇怪，我不知道怎么改变自己的行为举止，好让自己更女性化一些。"

他提出了这个问题："我要怎样做才可以更像女生呢？"

这就是后天训练了，如果你注意到所有性反常患者都经历了这种后天训练，他们排斥正常的行为模式，不断进行后天训练，那么你就能理解性反常其实是一种人为的产物。患者自身促进了性反常的形成，基于自身的心理素质，他在性反常的道路上越走越远，当然，遗传的身体素质也为他偏离正常的轨道创造了条件。

"当我正思考这个问题时，忽然听到一声巨响，被吵醒后，发现原来是我的头撞在了墙上。"

个体常会根据自己的行为模式设定自己的睡眠姿势[1]，这个男孩子在思考如何能让自己的举止更加女性化时，头撞在了

---

[1] 阿德勒在《个体心理学的实践与理论》一书中提出了"睡眠姿势"理论，德语为"Schlafstellungen"，阿德勒认为不同的睡眠姿势反映出不同的心理状态。

墙上，撞墙的声响让他不得不醒来[1]。鉴于他的行为规律，他的"碰壁"在预料之中。

"这个梦让我印象深刻。我回到学校后，还是不确定自己的性别，我只好在课间休息时跑去洗手间，反复确认我到底有没有变成女孩子。"

梦境的出现就是为了持久地影响做梦人。

第二个梦的内容如下：

"我梦见自己遇到了班上唯一一个女生，这个女生和我之前梦到的女生是同一个人。她想和我去散步，我回绝了她，表示自己只和男生去散步。她说她也是一个男生，我不相信，要求她证明给我看。聊到这儿，我父母就叫我起床了，我们的对话被打断，要是再让我做五分钟的梦就好了，可惜我没有魔法，不能再回到梦中。"

那些被宠坏了的孩子常希望自己有魔法，他们想不劳而获，希望自己可以轻松地得到自己想要的东西，他们会花很多时间进行心灵感应。

我们现在来看看这个小男孩是怎么解释自己的梦的。

"我读过一些故事，故事里描述了战争的惨状，士兵们的阴茎被枪火炮弹轰击掉落，我还听说，那些失去了阴茎的男性都死了。"

他认为阴茎非常重要。

"我看过一个报纸头条，标题是'只需两小时，女佣变士兵'。"

---

[1] 原文中引用了英语谚语"to run one's head against a brick wall"，意为"做没有成功希望的事"，一语双关。

　　他口中的女佣可能并非真正做了变性手术，可能只是性器官畸形而已。

　　我想用更通俗易懂的语言总结性反常的相关内容。面对真正的双性人[1]，我们很难区分他们的性别，他们能自行决定如何使用他们身上的特点，即雌雄同体。此外，那些只是长了畸形的性器官的人实际上不算是双性人。所有个体体内都带有异性的特点，雌性激素与雄性激素同时存在于人类的尿液中。据此，我们可以进行大胆的推测，每个人体内都隐藏着一个孪生的异性兄弟姐妹。为了研究双性特征同时出现在人体内的可能性，我们可以先对双胞胎展开研究。女性和男性繁衍新一代人类，我们在研究双胞胎的过程中，或许会有一些有用的发现，帮助我们理解人类身上的雌雄同体的特点。

　　关于性反常的治疗方法，我想再啰唆几句。大家可能常听到一个说法，认为性反常是不可治愈的。实际上，治愈性反常并非不可能，只是难度很大，因为性反常患者形成了一套行为模式，终其一生都在根据这套模式训练自己，在性反常这条路上越走越远。他们不得不朝这个方向发展，因为从童年最早期开始，他们便缺失合作能力，他们不知道如何正确使用自己的身体和思维。要想合理使用自己的身体和思维，就必须在童年早期充分发展合作能力。只有清楚了解这个事实，大部分性反常患者才有机会得到治愈。

---

　　[1] 在生物学上，雌雄同体，又称雌雄不分相，是指同时有雄性和雌性的生殖器官、第二性征。人类的雌雄间性情况称为双性人。在文化上，雌雄同体则是指同一个个体身上同时拥有"阴柔"和"阳刚"的性别气质，或者同时认同自己身为"女性"及"男性"的性别身份。

　　当个体在幼时还未具备社会兴趣时，其性功能便能和其他器官功能一样运作，如进食、排泄、看、听、说等功能一样，性功能也是儿童身体的自然反应的结果。在教育和文化的影响下，儿童们发挥自己的创造力制定了一个协议，以平衡自己的身体功能与社会的需求。他们合作能力的强弱决定了他们是否能遵守这个协议，也决定了他们以后是否能成为对社会有用的人。在儿童最早期时，人体的性功能属于个人范畴，且以手淫为主要表现。随着年龄的增大，性功能会具有社会价值，它会成为两性结合的任务。如果性功能发展缓慢，且无法发展成为一项社会功能时，人类的进化发展将受阻，这不利于两性的结合与人类的繁衍。由此，我们可知合作能力是决定性因素。各种形式的性反常以及性缺陷都算是"手淫"，这些患者的性功能仍处在儿童最早期的发展阶段。通过研究性反常患者的生活风格，观察他们面对外界问题时的反应，我们可以找到支持上述内容的证据。

第十二章
童年早期记忆

我们可能并不了解"自我（ego）的统一"[1]，但是我们必须面对它。我们可能基于很多无意义的观点，对同质化的人类精神生活展开分析，也可能应用两三个空间概念[2]，以解释自我是不可分割的，然后对这些概念进行比较或者对比。我们还

---

[1] 在心理动力论中，本我、自我与超我是由精神分析学家弗洛伊德的结构理论所提出的有关精神的三大部分。1923年，弗洛伊德提出相关概念，以解释意识和潜意识的形成和相互关系。"本我"代表欲望，受意识遏抑；"自我"负责处理现实世界的事情；"超我"是良知或内在的道德判断。心理学上的自我概念是许多心理学学派所建构的关键概念，虽然各派的用法不尽相同，但大致上共通，是指个人有意识的部分。自我是人格的心理组成部分，自我用现实原则（reality principle）暂时中止了快乐原则。由此，个体学会区分心灵中的思想与围绕着个体的外在世界的思想。自我在自身和其环境中进行调节，如延迟享乐。弗洛伊德认为自我是人格的执行者。

[2] 空间概念（space concept）是指人脑对物体在空间内的存在形式产生的间接的、概括的反映，涉及形状、大小、远近、深度、方位等。它不但依赖个体从生活经验中获得的各种空间表象，同时也依赖各种表示空间关系的词语。个体的空间概念是随年龄的递增而不断完善和丰富起来的，经历了从直观形象向抽象语词过渡的过程。

可能尝试从意识与潜意识[1]、两性关系或者外界环境与内心世界的角度分解这种统一性，最终，我们还是得对这种统一性进行重塑，以展示它海纳百川的"胸襟"。面对一匹骏马，如果没有优秀的骑手去驾驭它，那岂不是一种浪费？

个体心理学在此方面的研究取得了重要进展。从现代心理学的角度分析，"自我"建立了自己的价值，人类的"意识"或者"自我"都受到"潜意识"的影响，"潜意识"悄然对人类产生影响，每个人的"潜意识"都带有不同程度的社会情感。这些事实得到了越来越多的关注，并被应用至精神分析领域。由此，个体心理学成为精神分析领域的重要支柱。

人类的精神生活具有难以改变的统一性，如果要对此展开研究，那么我们首先要研究记忆的功能与结构。有些心理学家已经就记忆展开了研究，并出版了一些作品。他们认为记忆绝不能被视为印象（impressions）与感觉（sensations）的集合，留存在人类脑海中的印象也无法增强人的记忆力，记忆是人类"自我"的部分表达，是人类同质化精神生活的部分体现。"自我"具有感知的功能，它身负重任，根据个体的生活风格雕刻出相应的印象。"自我"在使用印象时，也以生活风

---

[1] 弗洛伊德认为，意识是与直接感知有关的心理部分，它包括个人现在意识到的和现在虽然没有意识到但可以想起来的；而无意识则是不能被本人意识到的，它包括个人的原始的盲目冲动、各种本能以及出生后和本能有关的欲望。这些冲动、本能、欲望，与社会风俗、习惯、道德、法律不相容而被压抑或被排挤到意识阈之下（所谓意识阈，是指能否意识到的分界线），但是，它们并没有被消灭，仍然在不自觉地积极地活动着，追求满足。所以，无意识部分是人们过去经验的一个"大仓库"。由于弗洛伊德的无意识具有这样的性质，所以人们把他的无意识称为"潜意识"（subconsciousness，又译为"下意识"）。

格为基准。有人认为记忆负责吞食和消化印象，这个说法应用了明喻的修辞手法，听起来像是在自相残杀，大家看到这里，千万不要立即下定论，不要认为记忆有施虐的倾向。实际上，个体的生活风格才负责消化印象，那些与生活风格相悖的内容全都被丢弃、被遗忘，甚至还会被视为警告示例。生活风格才是幕后的肇事者，如果个体的生活风格偏向于喜爱警告的信息，为了达到这个目的，它会动用很多难以消化的印象，来突出那些警告信息的存在感。由此，相应的个体会形成谨慎的性格，他的生活风格只能接受和消化极少部分的印象。围绕这部分印象，个体会出现相应的感觉与意识状态，这些感觉和意识状态都是可消化的。结合这些记忆特点，个体可能偶尔会想起一些字词或者想法。假设我忘记了一个熟人的名字，他不一定是我讨厌的人，他也可能不会让我想起一些不合我胃口的人事物。根据我的生活风格，我会产生个人的记忆倾向，我对他的名字和性格不感兴趣。我了解有关他的所有重要信息，如果他站在我面前，我能认出他，可以滔滔不绝地介绍他。我不记得他的名字，所以他完全不在我的意识范围内，由此，我的记忆会选择漏掉部分印象或者全部印象，以达到相应的目的。这是一种基于个体生活风格的艺术能力，实际上，印象不只包含了那些可用言语表达出来的经历。个体的统觉基于个体的性情进行观察，然后把观察到的事实交接到记忆手中，个体根据自己的特质收纳印象，这些印象的形成也基于他的个人喜好。围绕所收纳的印象，个体不断整合相应的感觉和意识状态。当然，这些感觉和意识状态都遵循个体的行为动向。对印象的消化可能通过言语、感觉或者对外界的态度来体现，在消化印象的过程中，记忆由此产生。这个消化的过程动用了记忆的功能。因此，个体不可能客观地复制印象，且复制过程一定会受到个体特质的影响。每个个体都有不同的生活风格，由此，相对应地存在不同的记忆形式，我们要尽可能对此展开深入研究。

我给大家举个最普遍的例子，通过这个例子，大家可以明确地看到个体生活风格与相应的记忆之间的关系。

一位男性前来诉说，说自己的妻子有健忘症，这让他非常痛苦。如果医生听到这话，可能立刻会认为他妻子可能患有脑部机能损伤，但其实他妻子不可能有脑部疾病。于是我对这位女性患者的生活风格展开了详尽的调查，在调查过程中，我把她的健忘症暂时放在一边，我必须得这样做，不过很多心理疗法不接受我的这个做法。我发现她非常安静亲和，为人聪明。她的公公婆婆当时不同意他们的婚事，后来她让公公婆婆接纳了自己，她与霸道专断的丈夫结了婚。结婚后，她的丈夫让她在经济上依赖他，以显示自己的经济实力，强调她卑贱的出身。大部分时候，她沉默地忍受着丈夫的指正与责备，有时他们双方都想分居，但是由于这位丈夫可以掌控他的妻子，这种掌控欲让他没有做出最极端的决定。

她是家里的独生女，父母和善恩爱，从未责怪过自己的女儿。自童年开始，不管是玩耍还是认真做某件事情，她都喜欢一个人待着，不喜欢和其他孩子待在一起。她的父母觉得这没有什么问题，因为当她偶尔和其他孩子一起玩时，她也表现得非常好。但是在她结婚后，她几乎没有时间独处，她所珍视的阅读时间要不被自己的丈夫所霸占，要不被用于处理社会需求。此外，她的丈夫抓住一切机会在她面前彰显自己的优越感，而作为家庭主妇，她对自己的职责尤为积极和上心。但有一点例外，她常常不记得她丈夫说的话，常常不执行她丈夫的"指示"，而且这种"忘事"的频率非常高。从她的童年记忆去分析，她自小习惯一个人独处、一个人完成任务。如果你是熟练掌握个体心理学的读者，那么你一眼就能看出她的生活风格，她适合单独执行任务，不适合合作，而爱情与婚姻需要双方共同付出，显然她并未有合作的准备。她的丈夫霸道强势，这种特质让他牢牢掌握所有主导权，他无法将不属于他的权力移交给她。她追求完美，只想单独执行任务。如果我们考虑到了这一点，就会明白她是无可指责的。她的生活风格未能让她做好准备去经营婚姻，她不知道如何实现夫妻之间的合作。由此，我们也能推测出她的性生活状态——性冷淡。说回我们开始暂时放在一边的症状，她的丈夫说她患有健忘症，实际上，那是因为她并未做好在婚姻中合作的准备，所以她便以这种温和的方式进行反抗，而且婚姻阻碍了她追求完美。

　　不是每个人都能在这些简短的描述中识别并理解个体复杂的性格，弗洛伊德和他的门派子弟们所持的理论十分令人生疑，他们的理论带有浓重的自我谴责色彩，用我们的话说，他们认为患者只是想吸引别人的注意力，让别人对其更感兴趣。

　　有时大家会好奇如何区分治疗的难度，我们觉得治疗的难度取决于患者的社会情感浓度。在这个案例中，这位女性未做好与人合作的准备，为此她仅表现出健忘的特征，她的问题很容易被修正。她自己也深信这一点，她配合医生进行心平气和的沟通，同时，她的丈夫也遵循着医生的指导。由此，她从她的小圈子里走出来了，因为她没有反抗的动机了，她的健忘症也由此消失。

个体的所有记忆都会对个体产生影响，个体根据生活风格或者自我的引导对印象进行详细阐述，记忆由此产生。这条规律不仅适用于那些已经深刻留存在脑海中的记忆，还适用于那些难以被想起的记忆，那些难以用言语表达且仅仅以情绪基调或者意识状态存在的记忆也符合此规律。由此，我们得出一个重要的结论，作为观察者，我们必须明白患者的记忆中哪些是关于智力的，哪些是关于情感的，又有哪些是关于态度的，以了解患者的每一种心理活动模式，而患者所有的心理活动模式都是为了追求完美。众所周知，个体的自我具有多种表达方式，包括语言、情绪以及态度，研究自我统一性的心理学家将"器官方言"的发现归功于个体心理学。个体通过身体和思维与外界保持联系，通过观察患者，我们尤为关注患者对待外界的态度，这种态度是有缺陷的，患者基于这种态度与外界保持联系。由此，我们要深挖患者的记忆，不管那些记忆以何种方式出现，我们都要用心寻找，这些记忆是其生活风格中的重要部分。综上所述，我对个体的童年早期记忆尤为感兴趣，这些记忆可能是真的，也可能是想象出来的，可能是属实的，也可能是有所改动的。通过分析这些记忆，我们更能了解个体在童年早期形成的生活风格，由此，更能理解个体对这些记忆的阐述。我们在这里并不太关心个体记忆的实际内容，每个人的记忆内容都可能有相似的部分。我们要根据由记忆引起的心情，去研究潜藏在记忆表面下的情绪基调，去解释个体所选择的表达内容，这些表达内容对记忆产生了限制。由此，我们可以发现个体最感兴趣的事情，个体的兴趣所在是其生活风格的基本组成部分。此刻，我们可以根据个体心理学提出很多问题，个体的目标是什么？个体如何理解自己、理解生活？毫无疑问，个体心理学的概念为我们提供了方向，比如个体以完美为目标，并受自卑感、自卑情结以及优越情结的困扰等。我们在探究个体的行为动向时，可应用这些概念，当我们真正着手于分析个体的行为动向时，我们可能会遇到疑问，会思考以下问题："我们在解释个体的记忆以及记忆与其生活风格之间的关系时，会不会容易出错呢？"毕竟个体会有不同的表达方式，我们对此也会有不同的解读。面对个体的细微差别，那些以个体心理学为引导进行充分练习的咨询师是不会出错的。他们努力消除出错的可能性，在通过分析患者的记忆发现其行为动向后，他们还会分析患者的其他表现，以证实患者在各方面都套用了同样的行为动向，从而确定这个行为动向的准确性。面对那些过着"问题人生"的患者时，他们会找出充足的证据去说服患者，让他们认识到自己的问题，顺利地接受治疗。当然，咨询师本身或早或晚也会受其个人倾向的影响。面对患者的"问题人生"、病症以及错误的生活风格时，咨询师们需要展开评估，最好的评估标准无非是正确地测算患者的社会情感浓度。

　　如果我们态度谨慎、经验充足，那么通过分析患者的童年早期记忆，我们会发现其错误的生活风格及其社会情感浓度。此时，我们需要运用有关缺乏社会情感的知识，并分析出患者缺乏社会情感的前因后果。我们要特别留意患者是如何使用"我们"和"我"来表达自己的，通过分析涉及"我们"和"我"这两个字词的内容，我们往往能由此解读出大量信息。

此外，当患者提到自己的母亲时，我们也要特别注意。如果患者的记忆是有关危险、意外、改正或惩罚的话，他可能特别关注生活中糟糕的一面。如果患者回忆起弟弟妹妹出生时的场景，那么他可能深感自己不再是家人最关注的人，觉得自己被"废黜"了。如果患者回忆起进入幼儿园或者小学时的第一印象，这代表他对新环境容易产生好印象。如果患者的回忆涉及病痛或死亡，他可能对这些危险极为恐惧，为了让自己做好充足的准备，他可能成为医生、护士或者其他相关职业人士，以确保自己有能力应对这些危险。如果患者回忆起和母亲、父亲或者祖父母等人外出旅行，并认为旅行非常温馨，那么他可能只喜欢和那些溺爱他的人待在一起，且极为排斥其他人。如果患者回忆起自己曾做出不端正的行为，比如偷窃或在性方面犯了一些轻罪，这代表他自犯错后非常努力地想与那些不端正的行为保持距离。此外，我们还可以应用我们的三大感受器，即视觉、听觉以及动觉，以发现其他可疑的细节。由此，我们可以了解那些"问题学生"在学校屡屡碰壁的原因，也可以分析出有些患者之所以工作不顺，是因为选错了职业。通过分析患者为应对生活中的问题所做的准备工作，我们甚至可以为他们提供工作建议，帮他们分析出最适合他们的职业。

为了证实个体童年早期回忆与其终身坚持的生活风格之间的关系，我会为大家举几个例子。

一位约三十二岁的男性是家中长子，由一个寡妇溺爱抚养长大。他不适合从事任何职业，因为只要一开始工作，他就会受严重的焦虑症困扰，不过，每当他回家后，这些焦虑症状能立即好转。他脾气很好，但发现自己很难与其他人相处。他在任何一次考试前都会很兴奋，经常以疲惫不堪为由逃学。他的母亲全身心地照顾他，他只对这种母性关怀做了相应的准备，我们很容易猜到他的目标，即追求优越感。他所做的努力是为了尽可能逃避生活中的所有问题，从而避免每一个错误。只要他和母亲在一起，就没有危险。他对母亲的依恋给了他一个幼稚的印记，虽然我们从他的外表看不出他的幼稚。自幼时起，他便反复检验这种退缩回母亲身边的方法。当他喜欢的第一个女孩拒绝了他时，他便采用了这个方法，这个"外因"事件给他带来了冲击，这证实了他退缩的合理性。因此，他只在和母亲在一起时才会安心。他最早的童年记忆是这样的："当我大约四岁的时候，我坐在窗边，看着一些工人在街对面盖房子，而我的母亲在织袜。"有人可能会提出反对意见，认为这些内容相当无关紧要，但事实并非如此。他讲述了最早的记忆，而这是否真的是最早期的记忆并不重要，但这记忆中一定有某些特别的地方。在他的生活风格的引导下，他的记忆活动选择了一个强烈反映他个人倾向的事件，这个被溺爱的孩子回忆的场景中出现了溺爱自己的母亲。这揭露了一个更重要的事实，别人工作时，他在一旁看着，在面对生活中的问题时，他习惯做一个旁观者。如果他试图跨出这个范围，他会感到震惊和恐惧，在发现自己毫无价值的情况下，他就会感到自己处于悬崖边缘，并想要放弃。如果让他留在家里陪着母亲，如果别人干活的时候，让他在一旁看着，他不会有任何异常表现。他为了配合他母亲的主导地位做出相应的行为，这是他追求优越感的唯一途径。不幸的是，做一个旁观者在生活中几乎没有什么前景。

不过，在病情得到治愈后，他能去找一份可以让他运用观察能力的工作。既然我们比患者更了解他的情况，我们就必须积极干预，以让他了解自己。虽然他可以从事任何职业，但如果他想充分利用他的能力，他就应该寻找一些要求观察能力的工作。后来，他成功地经营起了动植物用品的生意。

在没有意识到这一事实的情况下，弗洛伊德利用扭曲的名词描述了"宠儿"们的失败。被宠坏了的儿童想要拥有一切，难以使用在进化过程中所建立的正常功能，他对母亲的渴望是由于他的"俄狄浦斯情结"。虽然这是一种夸张的描述方式，但在极少数情况下是可以被理解的，因为被宠坏了的儿童会排斥其他所有人。长大后，他们会遇到各种困难，这不是因为"俄狄浦斯情结"被压抑了，而是因为他们在面对其他情况时受到了冲击，他们会因此进入狂热状态，甚至会对反对其意愿的人起杀心。溺爱孩子是有缺陷的教育方式，即使养育者们能识别并考虑到这种教育方式带来的后果，在溺爱中长大的孩子对物质世界只会有单方面的认知。然而，性生活是需要两个人配合完成的事情，只有具备足够的社会情感的人才能顺利完成这个任务，而前文这位被溺爱的孩子缺乏足够的社会情感。弗洛伊德运用粗略的概括，将人为培养出来的愿望、幻想和症状以及社会情感对它们的抵抗归结为天生的施虐本能。事实上，这些"施虐本能"是被溺爱的结果，是后天人为培养出来的。因此，新生儿的第一个行为——喝母乳——是一种合作，且这让母亲和孩子都感到愉悦。这不是同类相食，也不能说明施虐本能与生俱来，而弗洛伊德为证明他先入为主的理论总会往反方向尽情想象。弗洛伊德的观点太过模糊了，忽视了人类生活风格的多样性。

　　我想再举一个例子，以证明我们对童年早期记忆的认知是有用的。一个十八岁的女孩与父母生活在无休止的争吵中，她在学校表现很好，父母想让她继续学习深造，但她拒绝了，她害怕失败，她只想考第一名。她的童年早期回忆如下：四岁时，她曾在一次儿童派对上看到另一个女孩玩一个巨大的球。她是一个被溺爱的孩子，没有什么能让她满足，她也想有一个这样的球。她的父亲搜遍了全城，想找一个这样的球给她，但没有找到。女孩得到了一个小一点的球，但她尖叫哭泣着拒绝了。直到她父亲解释清楚，他确实费尽心力寻找，但是实在找不到，她才安静下来接受了那个小球。从这段回忆中，我可以得出结论，这个女孩可以接受那些友好的解释，而她以自我为中心也是板上钉钉的，后来我成功地治愈了她。

　　下面的例子说明了命运的变化是多么令人费解。一位四十二岁的男性在十年前与一位比他大十岁的女性结了婚，如今他阳痿了。两年来，他很少同妻子及两个孩子说话。虽然前几年他在生意上还算成功，但自从他阳痿后，他就置生意不顾，他的家庭也因此陷入了悲惨的境地。他是他母亲最爱的儿子，被完全宠坏了。在他三岁的时候，他妹妹出生了。他最早的记忆是妹妹的到来，不久之后他开始尿床。就如其他被宠坏了的儿童一样，他在小时候做过可怕的梦。毫无疑问，尿床和焦虑是源于妹妹的到来，这威胁到了他的"统领"地位。在这方面，我们不应忽视这样一个事实，即尿床也是一种指控的表现，或许更多的是对他母亲的报复行为。他在学校里是一个非常好的孩子，有一次他和另一个侮辱他的男孩打架，老师对此感到惊讶，没想到这样一个好孩子竟然能做出这样的事。

在分析了他的成长过程后，我们可知他期望得到独有的关注，当他比其他男孩更受偏爱时，他会收获优越感。如果他未能如愿获得偏爱，他就会一边指责，一边报复。而他自身或者其他人都未能意识到潜藏在其指责和报复行为后的动机。他以自我为中心、追求完美，很大程度上是为了不让别人认为他是一个坏孩子。就像他自己说的那样，他之所以娶了一个比自己年长的女人，是因为她如同母亲般对待他。由于她现在已经年过五十，而且比以往任何时候都更多地承担起了照顾孩子们的责任，无心力如母亲般关注他，于是他以一种看似被动的方式不再与妻子有性生活，也不再与孩子们交流，他的器质性阳痿就是关系中断的表现。由此，我们可以联想到他的童年早期，当他的妹妹出生后，他不再被溺爱，他便开始持续性尿床，以此来隐晦又有效地控诉母亲对他的忽视。

接下来聊聊一位三十岁的男性，他家里有一个弟弟，这位男性因惯偷被判处相当长的刑期。他最早的记忆从他三岁开始，也就是他弟弟出生的时候。他说道："比起我，妈妈更喜欢我弟弟，我甚至在很小的时候就离家出走了。当我受饥饿驱使，我就会偷点家里和外面的小物什，我母亲非常严厉地惩罚了我。但我总是再次离家出走。我一直到十四岁前都在学校读书，但我只是一个资质平庸的学生。我不想再继续读书了，就一个人在街上闲逛。我厌倦了家，也没有朋友，尽管我一直渴望有一个在乎我的女孩，我从来没有找到过。我想要去舞厅结识一些朋友，但我没有钱。之后我偷了一辆汽车，以很低的价格卖了出去。从那以后，我开始更大规模地偷东西，直到最后我锒铛入狱。如果我没那么厌恶我的家庭的话，我也许会选择另一种生活风格，除了虐待，我的家庭没给过我其他任何东西。然而，我的偷窃行为是在一个收赃人的怂恿下进行的，我落入了他的手中，他煽动我偷窃。"请大家注意这样一个事实，在大多数情况下，违法者在童年时期就被溺爱或渴望被溺爱。他们在童年时期展现出比正常孩子更广阔的活动范围，但是这不代表他们比其他孩子更勇敢。通过分析这位母亲养育小儿子的方式，我们知道这个母亲是会溺爱孩子的。而这位男性在其弟弟出生后如此愤愤不平，由此可见，他也被宠坏了。他对母亲充满怨恨，这种怨恨是导致他后来经历多番世事变迁的根源。长大后，他不具备足够的社会情感，形影单只，一事无成，孑然一身。于是，犯罪成了他唯一的宣泄途径。近期，某些精神病学专家坚持认为犯罪是一种自我惩罚，且那些犯罪的个体本身就想体验铁窗风味。当罪犯们暴露在公众视野中，公开蔑视生活中的常识，对人类宝贵的经验发动极具侮辱性的攻击时，他们已然不具备常人拥有的羞耻感。而这些观点是否是在溺爱中长大的个体思考的产物呢？这些个体是否试图以这些观点去影响大众中其他同样在溺爱中长大的个体呢？我想读者们可以自行判断。

第十三章

幼儿时期的社会情感发展障碍及其消除

　　在探究容易引诱儿童误入歧途的情境时，我们反复遇到前文中提及的难题，这些难题的重要性非同小可。它们往往会使社会情感的发展变得困难重重，因此，在很多情况下，它们也被证明是社会情感的障碍，这些难题包括被溺爱、先天性器官缺陷及被忽视。它们带来的影响不仅在其范围和程度上有所不同，而且在其持续时间上也不尽相同。此外，受到这些因素困扰的儿童会深陷焦虑不安的旋涡，当责任感涌现于心中时，他们也会感到难以招架。儿童对这些因素的态度不仅取决于他们对试错法的运用，还取决于他们的生长力和创造力。这种创造力是生命过程的一部分，它在我们的文明中上演，既压抑了儿童，又鼓励了儿童。它的影响力也同样无法估量，我们只能从它带来的后果窥见一二。如果想进一步通过推测来进行研究，我们必须掌握大量的事实——家庭的特点、光线、空气、某个季节、噪声、与其他相关人士的接触、气候、土壤特性、营养、内分泌系统、肌肉量、器官发育的速度、胚胎期及其他因素，如养育者给予儿童的帮助和照顾等。在这个复杂的数组中，我们会认为这些因素有时对儿童是有益的，有时则是有害的。在不否认出现不同结果的可能性的情况下，在分析不同个案时，我们要非常谨慎地考虑到统计概率的影响。在观察结果时，如果我们准备好面对任何变化的发生，那么我们出错的可能性就会小得多。这时，儿童的创造力就会显露出来，我们将有充足的机会观察儿童的身心，以对他们的创造力进行猜测。

　　但是，我们不能忽视这样一个事实，即儿童的合作倾向从出生第一天起就受到了挑战。在这方面，母亲的重要性可想而知，母亲站在儿童社会情感发展的门槛上，她负责人类社会情感的生物遗传。她可以在小事上帮助儿童，给他洗澡，为无助的婴儿提供其所需要的一切，从而加强或阻碍同儿童的接触。她与儿童的关系、她的知识及她的能力是决定性的因素。此外，在这方面，人类进化的成果也能起到调整的作用，而儿童本身可以克服任何可能出现的障碍，即通过尖叫和固执己见来迫使接触的发生。母爱的生物遗传是社会情感中不可或缺的一部分，它会对母亲自身产生影响。恶劣的条件、过度的担心、失望、疾病、痛苦、社会情感的缺失及由此引起的后果会阻碍这种母爱，但是母爱的进化遗传在动物和人类中是如此强烈，以至于母爱很容易克服饥饿和性的本能。与母亲的接触对儿童社会情感的发展是至关重要的，这是多数人的共识。如果我们放弃使用这一人类发展的万能杠杆，并寻找一种效果减半的替代品，我们会感到无地自容，因为母性接触感（maternal sense of contact）是人类进化成果中不可缺失的一部分，它不应该被破坏。我们或许应该把人类的大部分社会情感以及人类文明的基本延续都归功于母爱，当然，母爱现今往往不足以满足社会的需要。在遥远的将来，这种人类的进化成果将依据社会理想被加以应用。母亲和儿童之间的纽带可能会过于脆弱，也可能会过于牢固。当母亲与儿童之间的纽带过于脆弱时，儿童可能从出生伊始就对生活充满了敌意，随着类似经历的增多，他可能把这种敌意当作生活的基准线。

正如我经常发现的那样，在这些情况下，让儿童与父亲（而不是与祖父母）有更紧密的接触是足以弥补这一缺陷的。一般情况下，儿童与父亲更好的接触体现了母亲一方的失败。这时，儿童会对母亲感到失望，这种失望的产生可能并没有正当的理由。当女孩与父亲更紧密地接触、男孩与母亲更紧密地接触时，我们不能将此现象归因于性别，这一事实必须参照上述内容加以检验。

父亲会像对待所有女性那般对待女儿，对女儿展现出温柔。且男孩和女孩都使出浑身解数在为他们未来的生活做准备，他们对异性父母的态度也是其所做的准备的一部分。我发现性本能偶尔也会发挥作用，但肯定不是像弗洛伊德描述的那样夸张，以被极度溺爱的儿童为例，他们希望把自己的发展限制在家庭圈子里或独占一份溺爱。从历史发展和社会发展的角度来看，母亲的义务是让孩子尽早成为一个合作者，成为一个愿意帮助他人并愿意让自己在无法胜任工作时寻求帮助的人。关于这类受到良好"调教"的儿童，我能洋洋洒洒写上数十章。我想强调一点，即儿童应该感到自己是家庭中享有平等权利的一员，且要关心父亲、兄弟姐妹以及其他所有人。由此，他从童年早期起便不再是一个负担，而是一个合作伙伴。他很快就会具备主人翁意识，并从与环境的接触中获得勇气和信心。就算他有意或无意地犯了功能性错误，如尿床、便秘、非因疾病引起的进食困难等，他自己和周围的人都能解决这些麻烦，而且只要他的合作倾向足够强烈，这些问题就不会出现，吮吸拇指、咬指甲、将手指插入鼻孔、狼吞虎咽等症状也同样如此。只有当儿童拒绝自己的责任、不接受文化训练时，这些特征才会出现。这些特征几乎只出现在被宠坏了的儿童身上，他们的目的是迫使他们周围的人更加积极，为他们付出更大的努力。这些特征也总是与明显或含蓄的固执相结合，它们是社会感情不足的明显标志。如果弗洛伊德今天试图修正他学说的基本概念——即普遍的性欲（universal sexuality），那么这种修正在很大程度上是基于个体心理学的经验，夏洛特·布勒关于"正常的"反抗（defiance）阶段的最新观点无疑是与我们的经验相符的。基于我们刚才所描述的结构，儿童时期的过错与特定性格特征有关，如固执、嫉妒、自爱、社会感情缺失、以自我为中心、复仇的欲望等，这些特征有时会非常明显，有时会稍微隐蔽。个体以自身的人格力量为指导方针去追求优越感，这个观点再次得以印证。个体的社会态度是其生活风格的反映，社会态度不是与生俱来的，而是个体在形成自己的行为动向的过程中逐步成形的。被溺爱的儿童为所欲为，他们便秘、吮吸拇指、恣意玩弄自己的生殖器，他们会因此感到愉悦，而这些行为有时可能始于为了摆脱某些身体发痒的感觉。

　　父亲的人格是影响个体社会情感发展的另一重要因素。母亲要让出空间，让父亲与孩子建立永久的感情纽带。当孩子被溺爱，或当孩子的社会情感不足时，抑或是当孩子厌恶父亲时，父亲很难与孩子建立良好的关系。父亲不能单单成为一个威胁和惩罚孩子的角色，他必须付出充足的时间和心力陪伴孩子，以确保他不会成为孩子成长的背景板。我们来聊聊父亲可能做出的一些特别有害的行为，比如过度关爱孩子以试图取代母亲，或者严厉管教孩子以纠正其被母亲溺爱的习惯，这样会让孩子与母亲更亲近，抑或试图把他的权威和原则强加给孩子。到最后，父亲可能会收获孩子的服从，但这对孩子的合作意识以及社会情感的发展毫无益处。在这个快节奏的时代，用餐时间为培养孩子的集体意识提供了一个特殊的机会。餐桌上愉快的气氛是不可或缺的，父母要尽可能少地进行餐桌礼仪教育。如果遵循这个规则，亲子关系将更和谐。人们用餐时不应吹毛求疵，不应勃然大怒，不应怨天尤人，不应沉溺于阅读或沉思，不应该责备孩子在学校的表现不好，也不应责备孩子其他不得体的行为。此外，应该尝试一起吃饭，在我看来，一起吃早餐尤为合适。用餐时，孩子应该有充分的自由发表自己的见解以及提问。不能取笑孩子，不能嘲弄他们，也不能要求他们以其他孩子为榜样，否则，这不仅会伤害亲子纽带，还可能会导致他们保守、害羞，或深陷于强烈的自卑感中。家长不应该强调孩子的渺小以及其知识和能力的缺乏，他们应该为培养勇敢的孩子做好清晰的规划。当孩子对任何事情表现出兴趣时，父母要为他们构建自由的空间，尊重他们，安慰他们万事开头时的确会难一些。面对危险，家长不应表现出过度的焦虑，而要采取适当的预防措施，提供有效的保护。夫妻之间关系紧张、家庭争吵以及夫妻双方在教育孩子这事上的分歧很容易阻碍孩子社会情感的发展。如果可能的话，应该避免过于强硬地把孩子从大人的陪伴中隔绝出去。父母要根据孩子在成长过程中的成功或者失败对他们提出表扬或者批评，不能基于他们人格的好坏对他们进行褒贬。

　　疾病也会成为社会情感发展的危险障碍。和其他困难一样，疾病在孩子生命的前五年出现是更加危险的。我在前文中已经提到了先天性器官缺陷的重要性，统计学也证明了先天性器官缺陷的有害性，它会误导个体的发展方向，并成为其发展社会情感的障碍。儿童早期的疾病也是如此，比如佝偻病，虽然它不影响儿童的智力发育，但会影响其身体发育，并可能导致或多或少的畸形。当儿童患病时，他身边的人所表现出的焦虑与关切会赋予其极高的自我价值感，而他们自己无须付出便可收获这种价值感，这些疾病不利于儿童发展社会情感，这类疾病包括百日咳、猩红热、脑炎和舞蹈症。这些疾病不会对儿童造成严重的伤害，当儿童康复后，他们会变得很"难搞"，因为他们想一直被溺爱。即使儿童身体残疾，当他们做出恶劣的行径时，我们不能把其恶行归咎于其身体的残疾，而是应客观分析其所犯的错误。有些儿童被误诊患有心脏病或肾脏疾病，当误诊被发现且身体完全康复后，培养这些儿童仍然是件难事，因为他们仍然缺乏社会兴趣，且他们的自爱依然会带来一定的不良后果。焦虑、担忧与眼泪不但不会帮到生病的儿童，而且会诱使他们在疾病中寻找优势。凡是对儿童有伤害的事情，只要能改正的，就应该尽快改善和纠正，而且在任何情况下，我们都不应该假定儿童会"自然成熟"且不再犯错。此外，在帮助儿童预防疾病的过程中，我们应该在力所能及的范围内帮助儿童成为勇敢的人，不阻止他们与其他人接触。

　　如果儿童的身体或精神承受过大的负担，他们就很容易产生痛苦或疲惫的感觉，他们会抵触接触生活。此外，要根据儿童的接受能力培养其艺术素养与科学素养。很多好为人师者狂热地坚持向儿童传授与性相关的知识，是时候终止这种坚持了。当孩子询问或看似要询问有关性的问题时，他理应得到一个答案，但是我们要确信孩子能够吸收消化相关信息。然而，在任何情况下都应及早教导男女的平等价值和儿童本身的性别角色。否则，正如弗洛伊德也承认的那样，作为我们落后文明的产物，如今的儿童会有这样一种观念：女性地位低下。对男孩而言，这很容易引致他们的傲慢态度，伴随而来的是反社会后果；而对女孩而言，则容易导致我在1912年描述过的"男性钦慕"，这样的结果也一样糟糕，如果个体怀疑自己的性别，那么他将无法为真正的性别角色做好准备，这可能会导致各种各样的灾难性的后果。

某些困难是由孩子相对于家庭其他成员的地位造成的。如果一位儿童在家庭中占据优势地位，这往往会反映出其他成员中某一个成员的劣势。一个孩子失败与另一个孩子成功并存的频率之高令人吃惊，一个孩子所表现出的活跃度更大可能会导致另一个孩子更加被动，一个孩子的成功可能会导致另一个孩子的失败。儿童早期的失败对其往后的生活有着显著的影响，同样地，对其中一个孩子的偏爱往往难以避免，这可能会伤害其他孩子，因为这种偏爱会让其他被冷落的孩子感到自卑，自卑情结也由此形成。一个人的较高的身高、姣好的容貌或强大的实力可能会给其他人带来阴影，在这种情况下，我所揭示的关于儿童的家庭地位的事实不容忽视。

我们必须破除这样的迷思，即家庭内部的情况对每个孩子产生的影响都是一样的。即使所有的家庭都有相同的环境，为所有儿童提供相同的培养条件，儿童也会以符合其创造力目的的方式来利用这些因素，我们应看到环境对每个孩子的影响是多么不同。因此，同一家庭的孩子既不会表现出相同的基因，也不会表现出相同的表型变异（phynetypical variations）[1]。即使是同卵双胞胎，关于他们是否具有相同的生理和心理结构的疑问也越来越多。

　　长期以来，个体心理学一直以先天生理结构为基础，而"心理结构"（psychical constitution）只有在儿童出生后的头三五年才会出现，儿童通过构建心理雏形（psychical prototype）来完成这一过程。儿童的心理结构包含了其固定的行为动向，儿童利用自身的创造力构建了自身的生活模式，而这种创造力利用遗传和环境的影响作为其构成物质。尽管所有个案都各有不同，但是我能基于上述概念总结出一个家庭中不同成员的差异，而所有家庭中的情况都是类似的。儿童在家庭中的出生顺序会影响其生活模式，这为我们理解个体的性格发展指明了方向。既然儿童在家庭中的排序对应特定的性格特征，那么有关性格是由遗传而来的论点便难以站稳脚跟了。

　　此外，儿童根据其在家庭中的地位会获得某种特定的个性。大家或多或少都知道独生子女的难处，独生子女在成人的

────────────

　　[1] 表型（Phenotype），由丹麦遗传学家威廉·约翰森最先提出，对于一个生物而言，表示它某一特定的物理外观或成分。一个人是否有耳珠、植物的高度、人的血型、蛾的颜色等，都是表型的例子。表型主要受生物的基因型和环境影响，可分为连续变异或不连续变异的。前者较易受环境因素影响，基因型上则会受多个等位基因影响，如体重、智力和身高；后者仅受几个等位基因影响，而且很少会被环境改变，如血型、眼睛颜色和卷舌的能力。对于不连续变异，若有两个生物表现型相同，其基因型未必一样，这是因为其中一方可能有隐性基因。

围绕中长大，在大多数情况下，父母对他过分溺爱，经常为他
操心，他很快就学会了把自己视为中心，并会表现出相应的行
为。如果父母中的一方生病或体弱，往往会使这种情况雪上加
霜。此外，婚姻纠纷和离婚问题也会对儿童的社会情感发展产
生不利影响。正如我所指出的那样，母亲们常不愿再生一个孩
子，这是一种以神经过敏为表现的抗议。在大多数情况下，这
种抗议与对独生子女的夸张呵护相结合，母亲完全被自己的孩
子奴役了。等他们长大后，尽管这些儿童各有不同，但是他们
都会臣服于被溺爱，当不被溺爱时，他们会暗中抗议，并极度
渴求占据唯一的霸权地位。当他们需应对来自家庭以外的问题
时，他们便会表现出上述特点，并且对所遇到的问题难以招
架。在大多数情况下，儿童对家庭的过度依恋及不与外界接触
都不利于其自身的发展。

　　当家庭里不止一个孩子时，排行"老大"的孩子会有一
些其他兄弟姐妹没有的经历。在某一段时间里，由于他是独生
子女，他得到了所有的关注。然而，随着弟弟妹妹的出生，他
被"废黜"了。我选择的这种故事般的表达方式准确地描述
了情境的变化，其他心理学家们——如弗洛伊德——也选择使
用这种表达方式，以求公平地对待所有个案。从出生到"被废
黜"之间的这段时间很重要，其产生的影响及儿童自身对这
种影响的描述都会影响这段时间的重要性。如果过了三年或三
年以上，这段时间在已成形的生活风格里有了自己的地位，并
会得到相应的反映。通常情况下，被溺爱的儿童会如经历母乳
戒断反应那般，强烈地感受到这种变化。但是，我必须说明，
即使这个出生时间差距仅有一年，也足以在家中"老大"的一

生中留下明显的"被废黜"痕迹。在这方面，我们还必须考虑到年龄最大的这个孩子已构建的生活模式，且第二个孩子的到来会限制第一个孩子的生活模式的构建。显然，如果我们要更深入地了解这种情况，就必须考虑到很多因素。当孩子出生的时间差距不是太大时，整个过程是"无声"的，并且无法以概念来表达。因此，它不容易被后来的经验所修正，而只能通过个体心理学所获得的背景知识修正。这些无声的印象（impressions）常发生在个体的童年早期，弗洛伊德和荣格（Jung）常会对它们做出解释。他们不把这些印象看作经验，他们有自己的观点，认为这些印象要么是无意识的本能，要么是无意识下的返祖现象。然而，当个体的社会情感受到不恰当的培养时，他们偶尔会有仇恨的冲动或死亡的愿望，这些冲动或愿望都是人为的产物。所有人都知道它们的存在，但是只有被溺爱的儿童才会有相应的表现，且家中的第二个孩子往往更容易被它们所困扰。那些在家中排序靠后的孩子常表现出类似的情绪与恶趣味，其中，那些被宠坏了的年纪小的孩子更甚。如果最先出生的孩子得到了更多宠爱，他的特殊地位会比家里其他孩子更有优势，一般来说，他对自己"被废黜"的感觉会更强烈，但类似的现象也会出现在家庭中排序靠后的孩子身上，这些情况很容易使人产生自卑情结。有些人认为"老大"的出生创伤比其他孩子更严重，且因此遭遇了很多失败，这种想法不切实际。这是一个模糊的假设，只有对个体心理学不了解的人才会这么想。

"老大"抗议"被废黜"时，往往倾向于承认任何特定权威的合理性，并倾向于站在权威这边。这种倾向偶尔会使"老大"有明显的"保守"性格，这种保守不体现在任何政治意义上，而是与日常生活中的事实有关。我在特奥多尔·冯塔内（Theodor Fontane）[1]的传记中找到了一个鲜明的例子。尽管罗伯斯庇尔（Robespierre）[2]在革命中处于领导地位，但是他的人格中确实有服从权威的特质，这并不是我们在吹毛求疵。然而，个体心理学是反对成规的，我们应该牢记：在家庭中的排列顺序并不是决定性因素，由这个排列顺序引发的一系列情境才起了决定性作用。因此，如果家中"老大"常关注"老二"，且"老二"也对此做出回应，那么"老二"甚至可能出现"老大"的心理特征。此外，当"老大"较为懦弱，无法承担起自身角色时，"老二"偶尔也会扮演"老大"的角色。我们在保罗·海泽（Paul Heyse）身上发现的性格特质就是一个很好的例子，他对哥哥展现了近乎父爱的态度，在学校里也是老师的得力助手。在细致研究"老大"的生活模式时，我们要考虑到"老二"对其产生的威胁。事实上，有时"老大"为了摆脱这种情况，会以父爱或母爱的态度来对待"老二"，但这只是他为了争夺上风所做的改变。

　　当"老大"有一个年龄差不是很大的妹妹时，"老大"的

---

[1] 特奥多尔·冯塔内（Theodor Fontane），德国批判现实主义小说家、诗人。他于1819年出生于胡格诺教徒家庭，6岁成为药店学徒，20岁写出处女作，在莱比锡进修。他参加了1848年的革命事件，1849年从药店辞职成为全职作家。代表作有《沙赫·冯·武特诺》（*Schach von Wuthenow*，1883年）、《埃菲·布里斯特》（*Effi Briest*，1895年）和《燕妮·特赖贝尔夫人》（*Frau Jenny Treibel*，1892年）等。他被认为是19世纪最重要的德语作家之一。

[2] 马克西米连·弗朗索瓦·马里·伊西多·德·罗伯斯庇尔，法国大革命时期政治家，雅各宾专政时期的实际最高领导人。

社会情感往往会受到严重的影响。在女孩的头十七年人生里，她们在身体上和心理上都比男孩发育得更快，她们紧紧地跟随"领跑人"的脚步。此外，年龄较长的男孩不仅试图以自己更早出生的事实为理由来维护自己的地位，还会利用自己的性别优势。而作为妹妹的女孩们在文化的打压下会产生一种明显的自卑感，并因此更加奋发图强。由此，这些女孩们往往得到了更全面的培养，她们的精力也更充沛。另外的女孩子们也有这样的情况，这是"男性钦慕"的前兆。在女孩的成长过程中，这可能会导致很多可好可坏的后果，这些后果涵盖人类所有的优点和缺点，但不包括对爱情的排斥。弗洛伊德利用了个体心理学的这一发现，以"阉割情结"（castration complex）[1]为名将其纳入他的性学学说中，认为这仅仅是由于女性缺乏男性生殖器官而感到自卑。不过最近他略有所表示，说他对从社会层面探讨这个问题有一些兴趣。"老大"往往被视为家族及其保守的传统的代表，这一事实再一次证明了个体的直觉能力是建立在经验基础上的。

　　在家中"老二"的成长过程中，"老大"不仅在自我成长中更占优势，还常常在"老二"争取平等的过程中占据上风，"老二"在这样的印象下创造自己的行为动向。当孩子间年龄差距很大的时候，这些印象都是不存在的；当孩子们的年龄差越小时，这些印象则越强烈。当"老二"觉得无法打败

---

[1] 阉割情结亦称"阉割愿望""埃休姆情结"，是弗洛伊德精神分析理论术语。指男孩害怕丧失生殖器官，女孩幻想曾有过男孩生殖器官，后被阉割而留有余悸。阉割情结可分为两类：①主动阉割情结，指对被阉割产生恐惧情绪；②被动阉割情结，指潜意识中存有被阉割的欲望。多发生于性器期（3岁—6岁）。其原因是此时儿童对父母中的异性产生性的爱恋，但又怕被发现而被割去生殖器官。

"老大"时，"老二"会感觉受到压迫。不管是因为哥哥的自卑，或是因为哥哥较为不受欢迎，如果"老二"从一开始就占上风，那他便不会感到被压迫。然而，人们常发现"老二"更为奋发向上，要么精力更充沛，要么性情更急躁。这可能会增进其社会情感，也可能使他遭遇失败。我们要弄清楚他到底受何种印象影响，他是为了在与哥哥偶尔参与的竞争中获胜吗，还是因为他不满足于现状，总要全力以赴？当"老大"与"老二"性别不同时，在某些甚至没有对社会情感造成任何本质性伤害的情况下，这种竞争可能会变得更加激烈，且其中一个孩子的容貌可能更姣好。同样地，两个孩子中，一个孩子会严重介意父母对另一个孩子的宠爱，尽管在旁观者看来父母对孩子重视程度的差异不是很明显。如果其中一个孩子成了明显的"失败者"，另一个往往会让人看到成功的希望，然而，在学校生活初始或青春期到来时，情况可能不是这样。如果两个孩子中的一个受到显著的赞赏，另一个很容易成为失败者。人们常常会认为同性双胞胎有相似的癖好，因为他们总是做同样的事情（无论是好事坏事），但在这种情况下，其中一个孩子实际上是被另一个孩子牵着走。"老二"的直觉能力超出了一般的理解力，这令人惊讶，而这种直觉能力显然是进化的产物。虽然我们不能假设这事有任何根据，在《圣经》中讲述雅各（Jacob）和以扫（Esau）的故事中，次子雅各取代长子以扫获得了长子的名分，这是事实。雅各渴望与生俱来的权力，他与天使的角力——"如果你不祝福我，我就不让你走"，他梦想有梯子直通天堂，这都清楚地显示了次子的好胜心。即使是那些不倾向于同意我观点的人，当他们发现雅各在他一生里一次又一次地证实了他想当长子的渴望后，他们也不得不为之感叹。雅各对获得长子名分的渴望体现在多方面，他持之以恒地对拉班（Laban）的次女求爱，不放弃拥有自己的长子的希望，并为了祝福约瑟夫（Joseph）次子而双手合十祈祷。

　　接下来聊聊某个家庭的中两个女儿，在其中的长女三岁时，妹妹出生了，之后她变得异常叛逆。二女儿"猜到"做一个温顺的孩子对自己是有好处的，并且她以这种方法让自己极其受欢迎。二女儿越受欢迎，长女越是气急败坏，而且直到长女年龄不小前，她一直保持着这种愤怒抗议的态度。习惯了凡事出人头地的二女儿，在学校里被人超越时，她受到了打击。基于她在学校里的经历，当她面对人生的三大任务时，每当她遇到对她来说危险的境地时，她便选择退缩。同时，由于她不断害怕失败，她被迫以我所说的"犹豫不决的动作"（hesitant movement）的形式构建了自卑情结。因此，她让自己免于一切失败，这无疑让她在一定程度上受到了保护。她反复梦见太晚到达火车站，这显示出了她的生活风格的力量，这种生活风格甚至出现在她的梦中，造成她对机会的忽视。然而，没有一个人能够安然地接受自卑感。所有个体都在进化的路上不断奋斗，以实现完美的目标。我们要么朝着社会情感的方向前进，要么朝着与之相反的千百个其他方向前进。"老二"摸索出了与社会情感相反的前进方向，且试探着往相应的方向努力，这个可行的方向变成了一种强迫性清洗的神经症。尤其当别人靠近她，她会强迫性地清洗自己、清洗衣物及使用的器物，这种强迫症状妨碍了她完成自己的任务，她也更方便打发闲暇时间了，而时间是神经症患者的主要敌人。她心知肚明，通过夸张地使用一种曾经让她受欢迎的文化功能（cultural function），她能优越于其他所有人。只有她一个人是干净的，其他所有人和东西都很脏。这个表面上看起来很好的孩子被她母亲彻底宠坏了，由此可知，我们可知她缺乏社会情感。只有增强其社会情感，才能帮助她康复。

我们再来聊聊家里最小的孩子，他清楚自己的处境与其他家庭成员有着本质上的不同。家中最大的孩子已经出生了一段时间了，年纪最小的这位孩子没有享受过独生子女的待遇。他的哥哥姐姐都有弟弟妹妹，而他是家中最小的孩子。家中"老二"只有一个哥哥或姐姐，而家中"老幺"常有好几个哥哥姐姐。在大多数情况下，"老幺"常会被年迈的父母溺爱，他发现其他人都视他为年纪最小，也最弱小的人，还常发现自己不受重视，这让他陷入了尴尬的境地。但是整体而言，他是快乐的，而且他每天都在与哥哥姐姐争夺优越感的斗争中不断地鞭策着自己。在很多方面，他的地位就像家中"老二"一样。当家中其他孩子是家中"老幺"时，他们也会做出同样的反应。

"老幺"的哥哥姐姐们的社会情感浓度各有不同，他费尽心力在这方面赶超哥哥姐姐们，这是他的强项。他被过度溺爱，常带着另类的使命感坚持另一种生活模式，以追求另一层面的目标，他常常逃避为了获得优越感而直接斗争，这是他的弱点。如果以经验丰富的个体心理学家的眼光来审视其精神生活，我们能概括出家中"老幺"的命运。如果家里的人都经商，那么最小的孩子就会成为诗人或音乐家。如果其他家庭成员是知识分子，那么最小的孩子会有机会从事工业和商业方面的职业。但在这个非常不完美的文明中，女孩能得到的机会有限，这是我们必须考虑到的一点。

至于家中最小的儿子的特点，我引用了《圣经》中有关约瑟夫的故事，这引起了大家的关注。本杰明（Benjamin）是雅各最小的儿子，但他比约瑟夫晚了十七年才出生，常不为人所知，对约瑟夫的发展没有任何影响。众所周知，约瑟夫夹在他勤劳的弟兄们中，梦想着他未来的丰功伟绩，他不仅想在自己的兄弟们面前称霸，还想称霸世界，成为像上帝一样的存在，他的兄弟们对此非常愤恨。此外，他的父亲偏爱他。然而，他不仅成了家族和部落的支柱，还成了文明社会的救世主之一，我们能从他的所有行为与成就中看到其伟大的社会情感。

在民间传说及《圣经》中也还有不少类似的例子，各时代及各民族的童话故事中也有类似的情节。当故事中出现家中最小的儿子这一人物时，他一定是故事中的胜利者。此外，我们只需环顾当代社会就会发现，很多地位杰出的伟人都是家中"老幺"。然而，如果家中"老幺"依赖自己的养育者，不管其养育者是溺爱他还是忽视他，他常会遭遇令人瞩目的失败。在这种情况下，他常会错误地构建社会自卑感。

关于儿童在家庭中的排序的研究，还有很多可供探索的空间。儿童利用所处的情境及在情境中产生的印象创造性地构建自己的生活风格、行为动向及性格特征。因此，有关性格特征来自遗传的假设很难站稳脚跟。家庭排序的其他孩子不是我们前文所提及的案例的复制品，我在此不多说了。克里奇顿-

米勒（Crichton-Miller）[1]的研究结果引起了我的注意，他发现有两个姐姐的女孩会表现出相当强烈的"男性钦慕"，我在很多情况下都能证实这个研究结果的正确性。作为家中第三个女儿，她会感觉到、猜测到甚至体验到其父母对"又是一个女儿"的失望，她会以自己的方式表达对自身女性身份的不满。从这个女孩的情况来看，我们发现她的态度相当强势，这并不令人惊讶，且这与夏洛特·巴勒（Charlotte Buhler）发现的"自然的反抗阶段"相吻合。但根据个体心理学的描述，与其说它是对实际的或所谓的被冷落的反抗，不如说它是一种永久的抗议。

　　关于男孩堆里的独女及女孩堆里的独子的发展的研究，我尚未完成。根据我到现在为止所注意到的情况，我预计这两者要么极度男性化，要么极度女性化。在他们的童年时期，他们往往更容易女性化。当往男性化的方向发展更有价值时，他们会变得男性化。男孩堆里的独女往往软弱淘气，过度需要支持；女孩堆里的独子不自觉地渴望征服，非常固执，但偶尔也会渴望变得勇敢并光荣地奋斗。

---

[1] 休·克里奇顿·米勒（Hugh Crichton-Miller），苏格兰的内科医生和精神科医生。他于1912年在哈罗山（Harrow-on-the-Hill）成立了鲍登之家（Bowden House）神经疾病护理之家，并于1920年在伦敦的塔维斯托克诊所（Tavistock Clinic）成立了该护理所。

第十四章
白日梦与夜之梦

　　梦境属于幻想的范围，人类做梦的功能是进化的成果。在分析梦境时，我们要考虑到个体的精神生活的统一性及其精神生活与外界需求的联系，不能将梦境与这种统一性或个体的自我对立起来。幻想是个体生活风格的一部分，同时也赋予了其生活风格独有的特征。作为一种心理活动，它是个体精神世界中的重要部分，它属于个体行为动向的一种表现形式。在某些情况下，它的任务是以精神意象来表达自己，而在其他时候，它则潜伏在情感与情绪的领域，或者说它潜伏在个人的生活态度中。就像其他所有的心理活动一样，它是指向未来的，因为它也会帮助个体实现追求完美的目标。基于这个观点，将幻想或由其衍生的白日梦与夜之梦视为个体的"如愿以偿"是毫无意义的，任何为尝试理解幻想的机制而付出的努力都是徒劳的。个体所有的心理活动都帮助其改善了现状，所以所有的心理活动都帮助个体"得偿所愿"。

　　幻想或想象更依赖猜测的能力，而非依赖常识，但是猜测的结果并不一定是正确的。幻想的机制将常识暂时排除在外，即不考虑人类的集体生活，不考虑已拥有的社会情感，也不考虑为集体的利益做贡献。在那些精神症患者的幻想中，常识被永远排除在外。如果现有的社会情感不是特别强烈，达到上述状态是比较容易的。但是，如果社会情感足够强烈，它可能会引领幻想的脚步，为集体做出贡献。然而，心理活动的自发过程可被解构成思想、感情以及对选定生活态度的准备状态。当个体的生活态度是为人类服务，且促成了比较显著的成就时，这些态度才会被认为是"正确的""正常的"及"有价值的"。如果对这些判断做出不同的解释，这在逻辑上是行不通的，即使这种不同的解释是基于常识否认那些显著的成就。

当试图解决面临的问题时，每个个体都会对所需完成的工作展开幻想，因为在寻找解决方法时，未来是未知的。我们利用自己的创造力在童年时期构建了自己的生活风格，这种创造力依然在发挥作用。

在个体的生活风格的影响下，条件反射的形式千变万化，且能帮助个体构建其生活风格。

条件反射总是用于创造一些全新的东西，它不会自动采取行动，个体按照其所构建的生活风格发挥自己的创造力。因此，个体的生活风格引导了其幻想，幻想又体现了个体的生活风格。幻想可以作为一扇敞开的大门，我们通过它来窥探心灵车间。我们要将自我与人格视为一个整体，如果我们从错误的概念开始考虑，我们似乎会发现某种对立面，比如意识和无意识之间的对立。弗洛伊德是这种错误概念的代表人物，他表示自己是在被迫挖掘对自我中的无意识的理解。当然，这赋予了自我一副全新的面孔，且个体心理学最先发现了自我的新面孔。每一个伟大的想法和每一件艺术作品的产生都归功于人类精神的不断创造，也许大多数人都对这些新创造有所贡献，人们可以接受、保存并利用这些创造。在这里，"条件反射"可能在很大程度上发挥着作用。对创作型艺术家来说，条件反射只是一种构建材料，而他的想象力才是用来超越前作的。艺术家和天才无疑是人类的领袖，他们为自己的胆大妄为付出了代价，在自己童年时点燃的火焰中燃烧自我。"我历经的苦难使我成为诗人。"（I suffered-so I became a poet.）多亏画家们的贡献，我们的视野变得更加开阔，提高了对色彩、形式和线条的感知能力。在音乐家们的帮助下，我们的听觉更加敏锐，发音器官也变得更加精准。诗人教会了我们说话、感受和思考。很多艺术家们在童年时期经历很多困境，如贫困、视力异常、或听觉异常，他们也因此受到溺爱，并奋发图强，他们在童年早期便摆脱了严重的自卑感。他们雄心勃勃，为了拓宽自己和他人的视野，在过于局限的现实中挣扎。他们是进化的标准担当者，这种进化要求被选中的儿童克服各种困难，将自己提高到平均水平以上，这样的儿童通常因要实现崇高的目标而受苦。

　　那些在生理上更易受到冲击且对外界事件更加敏感的儿童会成为"幸运儿"，他们需要承受多种令人难以忍受的苦难。在这些儿童中，有些会为自身的感觉器官（sensory organs）感到自卑，有些会被遗传的器官自卑感所困扰。这些儿童先天就会感到自卑，他们会因此患上疾病。这确实是负面的因素，但也是推动人类进步的动力。儿童的创造精神表现在他自己玩的"游戏"中，也表现在他独自玩任何"游戏"的方式上，每一个"游戏"都为其争夺优越感提供了空间。参与集体游戏符合个体社会情感的冲动，除了这些集体游戏之外，我们也不应该对儿童和成人的独处进行劝阻。事实上，只要能对未来的社会发展有帮助，我们应该鼓励个体独处。由于某些活动的性质，这些活动只能在远离他人的情况下进行，但这决不影响它们的公共性。在这里，想象力又发挥作用了，而且在很大程度上得到了艺术的滋养。在儿童达到一定的成熟阶段之前，不要让他们接触那些让他们难以消化的精神食粮。不适合儿童阅读的文学作品可能会让儿童产生误解，也可能会扼杀其社会感情的发展，那些引起恐惧的残酷故事就属于此类。这些故事会对儿童产生很大的影响，对那些泌尿系统和性系统受到恐惧的刺激的儿童来说，这些故事的影响更大。那些被宠坏了的孩子常常属于更受恐怖故事影响的那一类儿童。他们经不起"享乐原则"（pleasure principle）的诱惑，在幻想中以及后来的实践中，他们会为了诱发性兴奋创造出引起恐惧的情境。在我研究性虐狂和受虐狂的过程中，我发现类似的灾难性的关联事件总是与社会情感的缺乏相关。

　　儿童和成人的大多数白日梦及夜之梦都源于其优越感目标，有时这些梦境甚至会挣脱常识的束缚。为了完成心理上的补偿，或为了保持心理上的平衡，个体会应用自己的想象力以征服某个已知的弱点，然而，个体在这方面没有任何成功的经验。从某种意义上来说，这个过程与孩子在创造自己的生活风格时所采用的方法有一定的相似性。当个体遇到难题时，幻想会让他自认为其个人价值增加，这是一种虚幻的想法，他同时也会觉得或多或少地被刺激。当然，在很多情况下，这种刺激是不存在的，所谓的幻想完全可以说是一种补偿。显而易见，尽管后一种情况不涉及任何与外部世界的接触，它依然被视为是反社会的。

个体的生活引导着其幻想，其幻想也总是遵循其生活风格，如果个体的幻想与社会情感相悖，这意味着其生活风格已不包含社会情感，咨询师们可依据这一点对个体进行诊断。这适用于许多残酷的白日梦，这些白日梦偶尔会与个体对自己所受苦难的幻想交替出现，或者个体会在幻想中找到替代品。战争幻想、梦见英雄事迹或拯救地位崇高的人都预示着一种实际的软弱，在现实生活中，这种软弱被胆怯和羞涩所取代。有些个体对人格的统一性一无所知，他们会被这些梦境及其他类似的表达形式所迷惑，自感意识分裂，过上了双重生活。个体在现实生活中处于不利的情境，在梦境中却截然相反，个体认为现实与梦境之间存在着某种联系，这种想法是错误的。

有些个体认为精神生活是无休止的，是渐进流动的，任何试图用一个词或一个概念来正确地描述一个心理过程的尝试都注定是失败的，人类的言语贫乏，不可能把任何处于不断变化状态的东西以静态的形式描述出来。

"成为别的父母的孩子"这一幻想经常发生。这种幻想几乎可以确定地说明孩子对自己父母的不满。精神病患者会将这种幻想视为现实，并陷入永久的怨恨中。当一个人有雄心壮志，却发现现实令人无法忍受时，他总是会通过幻想逃避现实。然而，我们不要忘记，当想象力与社会情感正确地结合在一起时，我们会取得真正巨大的成就。因为想象力可以唤起期待的情感与情绪，为个体加足马力，个体会因此做出更多行动。

想象力活动的价值取决于个体的社会情感浓度，这既适用于个人，也适用于大众。如果我们面对的是一个注定会失败的患者，那么他的幻想肯定是错误的，撒谎的人、诈骗犯、吹牛者及笨蛋都是这方面突出的例子。即使幻想不凝聚为白日梦，它也是永不停息的。就像每一个预知的愿望一样，幻想通过指向一个优越感目标来探索未来。个体遵照自己的生活风格发展想象力，这种想象力不仅体现在其日常生活中、白日梦与夜之梦中，还体现在其创造艺术品的过程中。它突出了个体的独特性，且或多或少地会受到常识的影响。做梦的人常知道自己在做梦，而睡着的人很少会从床上摔下来，他们从未如此脱离现实。梦里当然有幻想的一切——财富、力量、英勇事迹、丰功伟绩、永生等，梦里常出现夸张、隐喻、明喻及象征等表现形式，隐喻的煽动力是不容忽视的。尽管我的很多反对者都不理解这一观点，但隐喻只是对现实的虚构与伪装，绝不与现实完全相同。如果暗喻为我们的生活提供额外的能量，那么其价值是不可否认的。但当暗喻通过刺激我们的情绪从而助长反社会精神时，我们必须认识到这是有害的。然而，当个体遇到与其生活风格相悖的问题时，暗喻会唤起及强化这些问题背后的情绪基调。经证实，在常识不适用的场合，或当常识与个体的生活风格所要求的解决方案相悖时，隐喻会发挥作用。这一事实将有助于我们理解梦境。

要想了解梦，我们必须先了解睡眠。睡眠代表了一种精神状态，梦会在这种精神状态中发生。毋庸置疑，睡眠是进化的产物。它可以独立进行调整，与个体身体状况的变化自然而然地结合在一起，身体状态的变化带来了梦境的产生。虽然目前我们对这些变化只有一个模糊的概念，但我们可以假设它们会与睡眠的冲动共同作用。睡眠显然是为了休息和休养，因此睡眠也使所有的身体和心理活动更接近于休养状态。通过醒来与睡眠，个体的生活模式与黑夜和白天的交替更契合。睡着的人与白天的具体问题保持了距离，这是睡着的人与清醒的人的分别。

然而，睡眠并不是死亡的兄弟，个体的生活模式及行为动向不间断地延续着。睡着的人会移动身体，更换令自己不舒服的睡眠姿势，会被光线和噪声惊醒，会照顾睡在身边的孩子，会带着白天的欢乐和忧愁入眠。当个体睡着时，他依然在关注着所有问题，并尝试解决问题。当婴儿睡不安稳时，母亲会被唤醒。

如果我们愿意，我们可以在每天早晨规律地起床。根据我在《个体心理学的实践与理论》（*Practice and Theory of Individual Psychology*）中的言论，就像人在清醒的时候一样，睡眠中的身体姿态往往能很好地反映出人的精神状态。即使在睡眠中，精神生活的统一性也仍然存在。因此，我们必须将下列现象视为整体的一部分，包括梦游症、在睡眠中自杀、磨牙、说梦话、肌肉紧张（如抽搐性紧握手掌并让手掌麻痹）等现象。我们必须从个体的其他表现形式中进一步确认这些现象，并可以从中得出一些推论。睡着的人有时不会做梦，但是依然会在情感及情绪上保持警觉。

我们常认为"眼见为实"，并将梦境视为一种视觉现象。我经常对我的学生说："如果你在研究过程中对任何一点有所疑问，请停止聆听，改为观察患者的动作。"也许所有人都认为视觉上的观察更可靠，且无须用很多言语来形容。难道梦境所追寻的就是这种可靠性吗？梦比清醒的生活更加脱离日常事务，梦只依赖它本身，梦更完整地保留了由个体的生活风格所引导的创造力，梦更摆脱了现实的限制，即摆脱了规则制定者的限制。那么梦是否更有活力地体现了个体的生活风格？梦是由想象力决定的，而想象力是生活风格的风向标。当个人面临的问题超出了他的能力范围，或者当常识——即个人的社会情感——没有足够的力量介入时，想象力会作为个体的生活风格的代表继续奋斗。梦境是否在个体的奋斗之路上出了一份力呢？

我们并不是要效仿那些无视个体心理学或含沙射影地抨击个体心理学的人，我们并不想先发制人以占上风。我们应该记住弗洛伊德，他是第一个试图为梦构建科学理论的人，这个贡献的价值是长久的。任何人也不能贬低他所做的某些观察，即他所描述的"无意识"。他知识渊博，然而，当他迫使自己把所有的心理现象都归纳为他所承认的唯一统治原则——即性欲时，他不可避免地会出错。由于他只把固有注意力放在人性本恶上，这会使错误更加严重。根据我在前文中的描述，很多个体被宠坏了，且受到自卑情结的困扰，这些儿童在错误的抚养方式中长大，进行了错误的自我创造，所以，很多心理现象其实都是人为的产物，我们无法由此从进化的视角真正理解个体的心理结构。"如果一个人能够下定决心，不加区分地、不偏不倚地、实事求是地写下他所有的梦，基于生活回忆及所阅读的内容解释梦境，那他将为人类献上一份宝贵的礼物，这也会为其个人带来好处。但是，就人类现在的情况来看，肯定没

有人愿意这样做。"这些是弗洛伊德说的吗？不，是黑贝尔
（Hebel）[1]在他的自传里写的。如果说这是对梦的构思，那么
我必须补充一点，那就是要看所采用的方法是否经得起科学的
考证。弗洛伊德利用精神分析方法对梦进行解析，他表示自己
并不认为所有梦境都与性相关，他的说法为解析梦境做出了
贡献。

　　弗洛伊德提出了"潜意识压抑力"（censor）[2]这个概念，
体现了个体与现实的距离，当个体睡着时，他也与现实保持着
距离。这是对社会情感的有意回避，当个体社会情感不足时，
他无法以正常的方式解决所遇到的问题。当他受到失败的威胁
时，他会受到冲击，并寻求一种更容易的解决方式。此时，个
体会基于自身的生活风格进行幻想，进一步脱离常识。如果这
些个体自认为如愿以偿了，或者在绝望中有死亡的冲动，这些
都是些陈词滥调，无法帮助我们解析其梦境。毕竟人活着就是
为了实现自己的愿望。

　　在我对梦的研究中，有两样东西给了我帮助。第一个是
弗洛伊德的那些令人无法接受的观点，我从他的错误中获益。

---

　　[1] 弗里德里希·黑贝尔，德国剧作家、诗人，也是德国19世纪最伟大的悲剧
作家。其作品擅长处理复杂的心理问题，代表作有《吉格斯和他的戒指》。

　　[2] 潜意识压抑力是个体自身机制所产生的抑制力，我们的心理阻止意识产生
对某些事物的渴望，同时产生了潜意识压抑力，与自身的防御机制一同进行人们对
希望和感情的抑制。潜意识里，嗅觉、听觉起着很重要的作用。某个人受到几种环
境刺激，再次看到、听到、嗅到当时环境中的特殊物体、声音、味道，这个人就会
做出不同反应，以保护自己。例如：狗会在十几年后咬伤伤害它主人的人，这部分
记忆不会被抹去。睡眠时人的大脑处理这一天的数据，嗅觉或是听觉模糊判断有危
险时，就会根据以前经验模拟演算，这种潜意识压抑力一般是偶尔产生的，远离危
险源后，很快会恢复正常。

我从来没有进行过精神分析，并且我会拒绝进行精神分析的建议，因为接受他的学说会破坏科学的公正性，而科学的公正性本身便难以得到保证。尽管如此，我还是充分理解了他的理论，不仅发现了弗洛伊德所犯的错误，而且能够基于被溺爱的儿童的反思预测其下一步动作。因此，我一直建议我的学生们要彻底熟悉弗洛伊德的学说。弗洛伊德和他的门徒们极其喜欢不加掩饰地自夸，说我也是弗洛伊德的门生之一，仅因为我在一个心理小组里同他争论过很多次。但我从未听过他的课，当这个心理小组要宣誓支持弗洛伊德的观点时，我立刻离开了那个小组。我比弗洛伊德更清楚地划定了个体心理学和精神分析之间的界限，我从来没有吹嘘过我之前与他的讨论。个体心理学得以盛行，它对精神分析学的转变造成了一定的影响。被溺爱的儿童对所谓的宇宙有自己的理解，要满足其需求是一件十分困难的事情。精神分析学在不放弃其基本原则的情况下，逐步稳定接近个体心理学，即使是头脑困惑的人也清晰知晓两者的相似性。显而易见，这不过是常识，而常识是坚不可摧的。在许多人看来，我在过去的二十五年里不公正地预测了精神分析学的发展，我仿佛是一个不放过抓捕者的囚犯。

在我对梦的理解过程中，第二个更为有力的支持来自一个既定的事实，即人格的统一性，这个事实已得到多方的科学验证与阐述。个体的梦境也符合人格的统一性的特征，与清醒时相比，当个体睡着时，他与现实之间的距离更远，更不易受现实影响。我们的生活风格要求我们与现实保持一定的距离，当我们清醒时，我们也会进行幻想，以与现实保持距离。此外，我们在梦境中的心理活动与清醒时的心理活动是一致的。因

此，我们可以得出结论，即睡眠与梦境是我们清醒时的生活的
变体，我们在清醒时的生活也是睡眠与梦境的变体。个体在睡
着时及清醒时都遵循同样的最高法则，即个体的自我价值感不
应被削弱。如果以个体心理学的术语来表达，即个体对优越感
的追求能帮助其摆脱自卑感所造成的压力。如果个体选择了与
社会情感偏离的发展道路，即如果他们违背常识，那么他们会
成为反社会人士。个体缺乏解决问题所需的社会情感，为了解
决那些迫在眉睫的问题，个体的自我会从梦境中的幻想汲取力
量。这些问题的难度考验了个体的社会情感浓度，如果这些问
题的压迫感太强，就算是最优秀的个体也会尝试从幻想中寻求
解脱。

　　因此我们首先要明确一点，即每一个梦境都受到某个外在
因素的影响。当然，这与弗洛伊德所谓的"白日残念"（day's
residue）是不同的。所有的梦境都是一个考验，且个体在梦境
中寻求问题的解决方法。在探讨梦境时，个体心理学从"追求
目标"及"我该去何处"的观点出发，而弗洛伊德却坚持其
"退行"及"对所有幼稚愿望的满足"的观点，这两方的观点
是完全对立的。在"宠儿"们的幻想世界中，弗洛伊德的观点
常大行其道，他们想拥有一切，并希望自己的所有愿望都能得
到满足。个体的梦境也会体现出其进化冲动，每个个体所选择
的前进道路都是不同的。

　　我们先暂时停止对梦境的探讨，假设某个个体正面临某个
考验，而他缺乏足够的社会情感，且自认为不够成熟，在考验
面前无法招架，他会在自己的想象力中寻求庇护。他为什么要
这样做呢？他基于在其生活风格的基础上所构建的自我做出了

这样的选择。他想寻求一种与其生活风格相契合的解决方法。换言之，即使有些梦境确实有社会价值，但是个体所寻求的解决方法是与常识相违背的。他站在了社会情感的对立面，以缓解自己的沮丧与疑虑，由此，他会对自己的生活风格更有信心，对自己的自我赋予更多的价值。为了达到这个目的，个体会选择较为容易的方法，比如睡眠、适当的催眠及成功的自我暗示。因此，个体基于自己的生活风格有目的地创造自己的梦境，以与社会情感保持距离，梦境内容是这种距离的体现。当个体的社会情感更加丰沛，且遇到了更加险恶的情境时，他可能会走上与上述选择相反的道路，即他会尝试征服社会情感，而非远离社会情感。这再次验证了个体心理学的观点，即不能以规则或公式概括个体的精神生活。但是我们的主要论点并不受影响，即个体的梦境体现了其对社会情感的违背。

有人提出了反对意见，这为我带来很多麻烦，但是我也因此对梦的问题有了更深刻的认识，我对此表示感谢。如果上述事实都准确无误，那么为什么我们不理解自己的梦呢？为什么我们不关注自己的梦呢？为什么我们一般都会遗忘自己所做的梦呢？为了节省精力，我们先不考虑那些理解自己梦境的个体。根据个体心理学的观点，个体真正所了解的其实比其自认为理解的要多。当个体做梦时，他的理解能力也沉睡了，他会在梦境中应用自己的了解能力（the power of knowing）吗？如果事实确实如此的话，我们一定要对个体在清醒时的状态展开研究。事实上，就算个体对自己的目标一无所知，他也从未停止过对其目标的追求，他不了解自己的生活风格，却又一直被自己的生活风格所束缚。当他遇到问题时，他会依据自己的生活风格选择特定的前进道路，如去参加酒会或做一些有成功前景的事情。为了让自己所选的道路更具吸引力，他会产生特定的想法，构建特定的画面，以让自己有安全感，而这种安全感不一定与其想实现的目标相关。当某位丈夫对自己的妻子极其不满意时，他会渴望新的女人，而他自己并不清楚对妻子的不满意及对新的女人的渴望之间的联系，也不理解其渴望背后暗藏的含义，即对妻子的控诉与报复。他确实了解了自己的处境，但是并未真正理解其处境。要想真正地理解自己的处境，他必须看见其处境与其生活风格、其所遇到的问题之间的联系。此外，幻想及梦境一定是与常识相违背的，很多心理学家质疑梦境是否符合常识，以证明梦境本身就是荒谬且无意义的，这是毫无道理的做法。在非常罕见的情况下，梦境会离常识近一些，但是梦境永远不会完全与常识吻合。因此，梦境的最重要的功能便是引导做梦人远离常识，个体的想象力也具备同样的功能。做梦人常在梦中自我欺骗，根据个体心理学中的基本原则，当个体面对某些难题且社会情感不足时，他就会自我欺骗，并基于自己的生活风格解决问题。他会远离所有要求社会兴趣的现实需求，不断在脑海中构建新的画面，以强调自己的生活风格。

那么当梦境结束后，是不是就什么都没有了呢？我相信我已经知道这个最重要的问题的答案了。当一个人沉溺于幻想的时候，总会留下一些什么，如感觉、情绪和心境。根据个体心理学的基本原则——即个性的统一性，个体基于自己的生活风格进行幻想。我于1918年对弗洛伊德的梦境理论展开了第一次攻击，我根据自己的经验断言，梦境会推动个体前进，它使做

梦人在以自己独特的方式解决问题时处于"优势"。此后，我
论证了这样一个事实，即个体在梦境中并不是依赖常识或社会
情感推动问题的解决，他会在头脑中形成很多比喻性的影像，
以"曲线救国"。当诗人们想唤起读者们的情感及情绪时，他
们也采用类似的手法以达到自己的目的。我们还是得再探讨一
下个体清醒时的状态，当完全没有诗意的人尝试让人眼前一亮
时，他也会选择使用比喻的手法，只不过他使用的是一些带侮
辱性的字眼，如"屁股"或"老太婆"等。当老师以简单的字
眼解释知识点，而学生们却无法理解时，老师也会使用比喻的
表达方式。

比喻会带来两种不同的结果。毫无疑问，与平淡的表达
方式相比，比喻更能唤起个体的情绪。在诗歌艺术与兴奋的演
讲中，隐喻显然是极具胜算的选择。但是对于艺术之外的领
域，比喻的使用会带来危险。人们常说"人比人，气死人"
（Comparisons are odious.），这体现了比喻的欺骗性。因此，比
喻确实出现在个体的梦境中，它们会欺骗做梦人，唤起做梦人
的情绪，并基于个体的生活风格为个体创造相应的心态，个体
的梦境源于一种疑惑的心态，即源于需其进一步探究的问题。
在这种情况下，个体的梦境与其生活风格相符合，梦境的内容
有助于个体实现自己的目标，为了维护其生活风格，个体会在
梦境中剔除现实原因的干扰。

个体基于自己的生活风格展开幻想，幻想具有多种表现形
式，梦境中的幻想也与个体的生活风格相吻合，它们也会帮助
个体取得进步及追求优越感。就如我们的思维、情感与行动一
样，梦境中的幻想也需要记忆影像（memory images）的帮助。

然而，对于那些被宠坏了的儿童来说，他们头脑中的记忆影像来源于其被溺爱的经历，而他们本不应该被溺爱。即使他们的记忆影像中蕴含着对未来的期待，但这并不意味着被溺爱的儿童通过构建记忆影像满足自己幼稚的愿望，也并不意味着被溺爱的个体退行至孩童时期。此外，个体基于生活风格选择特定的记忆影像。梦境中的影像会受到外界因素的影响，做梦人会遵循特定的活动方向，以维护自己已构建的行为动向，且个体会基于自己的生活风格解决所遇到的问题。梦境中的比喻与类比会让做梦人体验虚假的情感与情绪，且我们无法检验这些情感与情绪的真实含义与价值。这些情感与情绪会加强个体对其生活风格的依赖，就像是为运转的发动机加油一样。因此，梦境是十分难懂的，这不是一个概率问题，而是一种必然。当个体清醒时，如果他尝试用牵强附会的理由为自己的错误辩解，他的情况也会令人费解。

个体在梦境中或在清醒时都常会想办法忽略现实原因，他要么只处理眼前的问题所附带的事情，要么会忽略眼前的问题的主要特征。人们认为这个过程不足为奇，我曾于1932年在《个体心理学期刊》（*Journal of Individual Psychology*）的最后一卷提及相关的内容，上述过程无法帮助个体全面解决问题，这意味着个体受自卑情结的困扰。我再一次拒绝为梦的解释制定规则，因为那需要很多艺术灵感，迂腐的人无法解析梦境。我们可以从个体的其他表现形式推测出其梦境的内容，梦境体现了个体生活风格的有效性，咨询师能引导患者关注到这个事实并说服患者。做梦人在梦中解构其于白天编织好的故事，当咨询师们解析患者的梦境时，应让患者意识到这一事实。当患者前来问诊并放下对其生活风格的坚持，咨询师将患者催眠，此时，患者的幻想仍然以夸张的、明显的方式顺从于其原本的生活风格，患者自童年时期便已在暗地里反复练习这种固执。

如果个体在生活中反复遇到类似的问题，他会反复做同样的梦，他的梦境体现了其生活风格与行为动向。当个体所做的梦较为简短时，这说明他迅速决定了解决问题的方法，且这个解决方法是很简洁的。如果个体不记得自己所做的梦，这说明他在梦中感受到了强烈的情绪，且那些情绪与现实是相对立的。为了更好地在梦中克服现实中的问题，个体会摒弃理智，只调动自己的情绪与态度。如果个体在梦境中感到焦虑，当真正面对失败时，他会极度焦虑。愉悦的梦境反映了一种更具活力的"命令"，而梦境中的内容与现实情况相反，以激起做梦人对现实的强烈的反感情绪。如果梦见逝者，这预示着做梦人对逝者的离去释怀，且仍然受逝者影响，但我们要根据做梦人的其他表现形式对此进行印证。如果梦见坠落——这是最常见的梦境，这表明做梦人对失去自我价值感到焦虑，与此同时，他又通过空间表象营造出"在他人之上"的错觉。对有抱负的人来说，梦到飞翔体现了他为追求优越感所做的奋斗，他想超越其他人。这种梦境经常涵盖坠落的情节，这是在警示其野心所附带的风险。如果做梦人在梦中成功落地，他会在情感上得到满足，会收获一种安全感，认为自己的成功是命中注定的，他相信自己不会受到任何伤害。如果梦到错过火车或错过某个机会，那做梦人已形成了一种性格特征，即通过晚点或让机会溜走以逃避可怕的失败。如果梦到自己衣衫不整并在梦中因此受到惊吓，那么做梦人很恐惧别人发现他的不完美。梦境常涵盖动觉、视觉与听觉的表现形式，做梦人通过这些表现形式表达自己所遇到的问题的态度。在极少数情况下，这些梦境能帮助做梦人解决问题，确实有这样成功的案例。如果做梦人在梦中是旁观者，那么当他清醒时，他肯定也会心甘情愿地满足于做一个旁观者的角色。与性相关的梦境有着不同的含义，有时，这些梦体现了做梦人的性交技巧还有待提高；有时，这些梦揭示了做梦人对伴侣或性关系的回避。如果个体的梦境内容十分残忍，且其本身在梦中十分积极，这体现了他对愤怒及复仇的渴望。有些个体会在梦中排泄，喜欢尿床的儿童常梦见自己在洗手间尿尿，他们以这种懦弱的方式表达自己的不满，这也是对自己被忽视的一种报复。我的书籍与作品中有大量关于梦境解读的内容，我在这里就不多举详细例子了。大家可参考下述梦境，以理解梦境与生活方式之间的联系。

　　某位男性是两个孩子的父亲，他常与妻子吵架，彼此各不相让，两人之间势如水火。他知道妻子并不是因为爱情与他结婚，他从小就被宠坏了，后来他父母又生了一个孩子，他因此被"废黜"了。他在艰苦中学会了控制自己的愤怒情绪，当遇到困境时，他常坚持自我压抑，尝试与自己的对手和平共处，但是他的尝试很难成功。在夫妻关系中，他的态度阴晴不定，他有时会很有耐心，试图表现出自信及对妻子的爱慕，而当他感到自卑并对此束手无策时，他会突然爆发以宣泄自己的愤怒，这让他的妻子一头雾水。他对两个儿子宠爱有加，两个儿子也积极回应父亲的爱。他的妻子对孩子则相对冷淡一些，因此，母子关系完全无法与父子关系相提并论，她与孩子之间越来越疏远。他认为妻子忽视了孩子们，并常因此责备妻子。他们艰难地维系其婚姻关系，两人都决定不再多生孩子了。这位丈夫需要热烈的爱，对冷淡的婚姻关系不满意，而他的妻子遵循其生活风格，性格冷淡，无法让丈夫与孩子感受到温情，他们的婚姻关系难以维系。某一天晚上，他梦见一具流血的女尸被人无情地扔在地上，我与他进行了谈话，在谈话中，他想起了一个医生朋友曾带他去过一个解剖室。他曾两次亲眼看见了分娩的过程，这对他影响很深，他也亲自证实了这一点。通过分析他的梦境，我们可知他不想与妻子再生第三个孩子。

他还讲述了另一个梦："我似乎在寻找我的第三个孩子，不知道他是失踪了还是被绑架了。我非常焦急，但是我所有的努力和辛劳都徒劳无功，我找不到他。"而他只有两个孩子。显而易见，他一直在担心第三个孩子的安全，他认为妻子无力照顾第三个孩子，这会让孩子置身于危险之中。他在林德伯格婴儿绑架案[1]发生不久后便做了这样的梦，这体现了外界因素对其造成的冲击。他遵循自己的生活风格，意识到其与冷淡的妻子之间的婚姻关系难以维系，并决定不再继续生孩子了。在这个梦境中，他强调了妻子对孩子的忽视。此外，他在两个梦境中都展现了其对分娩的过度恐惧。

---

[1] 查尔斯·林德伯格三世（Charles Lindbergh Ⅲ），美国飞行英雄查尔斯·林德伯格（林白）之长子，仅20个月大即被绑架撕票，这是美国历史上最著名的绑架案之一。1932年3月1日晚上9点，女仆贝蒂·格罗（Betty Gow）把20个月大的查尔斯·林德伯格三世放进婴儿床，并在婴儿身上的毛毯上安置两个大型安全别针。大约9点30分，林白上校听到了噪声。约10点时，女仆发现婴儿失踪。林白急忙四处找寻，但毫无所获。小孩在育婴室里被歹徒顺着梯子带走，林白在窗台上发现了一个白色信封，歹徒要求支付5万元赎金（后来提高为7万元），后来歹徒撕票，将婴儿杀害。

　　患者是因阳痿前来治疗的，我们可将其阳痿的原因追溯至其童年。他认为那些拒绝他的请求的人都是冷酷无情的，当他在童年时期被拒绝时，他常感觉受到了轻视，因此他后来决定不再寻求帮助。与此同时，他无法接受母亲继续生孩子。由此，我们可了解他的性格特征及其性格特征之间的关系，分析其生活风格的主要特征，理解他对特定记忆影像的选择。为了为自己的生活风格注入新的能量，他在梦境中使用脱离现实的明喻，以实现自我欺骗及自我荼毒。在受到冲击后，他会长久地陷于冲击的影响，在人生问题面前退缩，并将这些问题暗中扣留；而非依照常识解决所遇到的人生问题。此外，由于他的软弱，他无法完美地解决所遇到的问题。

　　我想对弗洛伊德的梦境符号主义（dream-symbolism）做些补充，基于我自身的经验，自古以来，人类就倾向于将日常生活中的事实与两性关系以外的事物进行诙谐的比较。旅店圆桌上常出现这种诙谐的比较，以用于讲下流笑话。人们之所以喜欢这种表达方式，是因为他们可由此表达对严肃的事情的轻视，满足自己对开玩笑与吹嘘的渴望，并能将隐藏在符号背后的情绪表达出来。民间传说及街头歌谣中常出现一些诙谐的比较，这些日常符号不难被理解。当它们出现在梦境中时，它们的出现肯定是有原因的，我们需要对此了解。

　　多亏了弗洛伊德，人们开始留意到上述情况。然而，弗洛伊德主张从性欲的角度解释所有难以被理解的事情，并认为性欲是万事发生的根源，这个观点经不起批判，通过催眠患者所获得的"确证的经历"也没什么说服力。当患者被催眠后，咨询师会引导患者进入与性相关的梦境，通过与患者进行沟通，咨询师会发现患者的梦境与弗洛伊德式的梦境符号主义相契合。患者在梦境中选择了熟悉的符号，而非不加掩饰地表达自己的性欲，这是一种谦逊的表现。此外，时至今日，如果弗洛伊德的门徒们想为这种催眠实验寻找被试者，那些不熟悉弗洛伊德的理论的人是不愿意成为他们的研究对象的。事实上，"弗洛伊德式的符号主义"确实丰富了我们的词汇表达，当我们讨论那些无伤大雅的话题时，它让我们的表达免于平淡。此外，那些接受精神分析治疗的患者经常使用弗洛伊德式的符号主义。

第十五章

人生意义

　　只有当我们将人类和宇宙纳入同一个系统考虑时，有关人生意义的问题才有价值和意义。人类与宇宙息息相关，且宇宙在这段关系中占据造物主的地位。换言之，宇宙是万物之源，所有个体都醉心于持续奋斗，以满足宇宙的需求。这并不意味着所有个体都具有追求自我圆满的冲动或施展自身才华的需要，而是说所有个体都具备与生俱来的共同特质，这个特质是生命中的重要部分，那是一股奋进的力量、一种强烈的欲望以及一种自我发展的选择，那是生命赖以孕育的基础。生活在宇宙中就意味着需要自我完善。人类总习惯将不断变化的事物简化成一种固定的形式，比起动态的发展，人类更习惯接受凝固的静态，这种静态会被定格为一种形式。一直以来，我们个体心理学家都在尝试将某些固定的形式分解为动态的、处于变化中的部分。众人皆知一个完整的个体起源于一个单细胞，此外，这个单细胞已经蕴含了个体成长所需的所有必要成分。地球上的生命到底是如何起源的呢？这是一个难以解答的问题。或许我们永远不会找到满意的答案。只有在宇宙力量的支持下，弱小的生命体才有成长的可能。关于这一点，我们可

以参考史末资（Smuts）[1]的独创性著作——《整体论与进化》
（*Holismand Evolution*）[2]。现代物理学展示了电子围绕质子旋
转，由此可以假设，生命也存在于无机物中。至于这个观点最
终是否成立，我们无从得知。可以肯定地说，我们对生命的理
解是不容置疑的，所有生命都低调地处于不断变化中，为了自
我保护、繁衍后代以及与外界互动而奋进。在应对外界的种种
境况时，只要不屈服，生命体必然会取得胜利。在达尔文的启
示下，根据其优胜劣汰的进化规律，能生存下来的物种可以得
心应手地处理外界的各种需求。拉马克（Lamarck）的观点与我
们的想法不谋而合，他认为所有生命体的创造力都是与生俱来
的。所有生命体都在创造中进化，这是毋庸置疑的事实。由此
可知，宇宙为所有物种都指定了发展目标，所有生命体都在追
求完美，都以积极的态度满足宇宙的需求。

　　要想了解生命的未来发展方向，就必须遵循这条发展之
路，坚持不懈地、积极活跃地适应外部世界的各种需求。我们
要解决某些根本问题，这些问题与原始的人生意义紧密相关，
即披襟斩棘，维护个体与人类的稳定性，建立个体与外部世界
之间的有利关系。个体具有不断适应外部世界的冲动，这种冲
动永远不会枯竭。早在1902年，我就提出了这个想法。而且我
想请大家注意这样一个事实，即生命体在积极适应的过程中，

----

[1] 扬·克里斯蒂安·史末资（Jan Christian Smuts），政治家、律师、将领。
曾分别于1919年至1924年及1939年至1948年两度出任南非总理。

[2] 《整体论与进化》（*Holism and Evolution*）是南非政治家扬·史末资在
1926年出版的一本书，他在书中创造了"整体论"（holism）一词，不过该词的含
义不同于现代的整体论概念。史末资将整体论定义为"在宇宙中创造整体的基本因
素"。

如果出现了任何失败，那么这些失败都是与我们所信赖的这个"真相"背道而驰的。我们可以把民族、家庭、个人以及动植物物种的灭绝都归咎于这些在适应过程中出现的失败。

当我谈及积极调适时，我排除了把这种调适与当下的情况或与万物生灵的消亡联系在一起的想法，毕竟这种想法是不切实际的。我们要从永恒的视角来看待生命体的积极调适，只有如此，人类身体和心理的发展才是"正确的"，这种发展在遥远的未来也能得到肯定。此外，何为积极调适呢？这意味着个体要全身心投入，所有生命体都要积极努力，以实现最终的调适目标，得心应手地面对积极调适带来的利弊，这些都是由宇宙安排好的。如若生命体在某段时间内表现出明显的妥协，那么这些妥协迟早会被真相的力量压垮。

我们正处于进化之流中，但就像我们不会去留意地球围绕轴心旋转一样，我们也鲜少注意到这一点。个体的生命是广袤宇宙中的一部分，所有个体都在为与外部世界顺利同化而奋斗，这是宇宙中的规律。即使在生命之初可能对这种奋斗的存在有所怀疑，但亿万年的岁月流逝让人明白，为了追求完美而奋斗是每个人与生俱来的品性。而这种考量也能突显出其他道路，没人能知道哪条路才是唯一正确的道路。为了知道何为人类进化的最终目标，人类做了很多尝试，认为宇宙本应对保护生命有兴趣的这种信念只不过是一种虔诚的希望。然而正因为这样，这种希望可以并且已经用于宗教、道德和伦理等方面，成为发展人类福祉的强大动力。从科学的角度思考，史前部落的恋物崇拜、对蜥蜴的崇拜以及把阴茎认作神物的行为都是不合理的。但这种原始的宇宙观促进了集体生活，增进了人类的社会情感，因为每一个信奉同一宗教的人都视彼此为兄弟，视之为戒律，并受部落首领保护。

迄今为止，"上帝"（God）是人类进化过程中的最佳概念。毫无疑问，在有关"上帝"的概念中，追求完美是人类的一个进化目标，且这个目标是具体的，它最符合人类对达到完美的朦胧渴望。当然，在我看来，每个人对"上帝"的理解都是不同的。毫无疑问，在有关"上帝"的概念中，我们没有为完美设立好标准和原则，但是人类以追求完美为目标已经以最纯粹的形式被体现出来了。在建立教规宗旨方面，极为有效的最原始的能量就是社会情感，除此之外，别无他选。这是为了将人类更紧密地联系在一起。我们必须把这看作进化的传承，是在进化的敦促下向前奋斗的结果。为了实现这一完美目标，我们进行了大量的尝试。我们个体心理学家，特别是我们这些做医生的人，要应对各种各样的"问题人生"，要应对患有神经衰弱或精神病的人、犯罪分子、酒鬼等，他们也会追求个人优越感，但他们的前进方向与理性完全背道而驰，我们无法认为他们所谓的"追求完美"是合理的。例如，某个人以凌驾于他人之上为奋斗目标，这种追求完美的方式是不利于其他个体或者人类整体的，因为它不符合其他所有人的利益。个体会受到某种强迫的力量的驱使，抑制进化的冲动，违背现实，并在极端恐惧中保护自己不受真理和真理追随者的伤害。许多人把依赖他人视作追求完美的方式，在我们看来，这也是与理性背道而驰的。有些人以搁置生活中的问题为目标，以避免遭遇失败，而失败是他们追求完美的过程中的拦路虎。尽管似乎有很多人对搁置问题表示接受，但在我们看来是完全不恰当的。

当我们扩充人生观，接触那些以失当的方式追求完美的个体，并了解其际遇时，我们会发现这些个体遵循错误的发展道路，无法积极适应外部世界，无法为宇宙整体的进化出力，我们看到了物种、种族、部落、家庭和成千上万的个体的灭绝，这些生命体没能留下任何痕迹。这些教导我们，每个人都需要找到一个相当正确的目标。在我们这个时代，追求完美为个体的完整人格的发展、个体的表达形式指明了方向，也为个体培养观察力、思维、情感以及宇宙观铺就了道路。每一位个体心理学家都清楚明白地认识到，如果个体走上偏离真理的发展道路且不做出改变的话，他必然会受到伤害。如果我们可以更多地了解前进的方向，那将是幸运的，毕竟我们浸没在进化的川流中，不得不遵循它的流向。个体心理学不仅为了解人类的前进方向做出了巨大贡献，还发现了人类以追求完美为最终目标。通过运用个体心理学，我们能了解如何才能实现理想中的完美目标，且个体心理学促成了社会情感规范的建立，更清晰地展现了人类的正确的前进方向。

社会情感支撑着人类进行奋斗，使人类追求永不过时的、共同适用的情感模式，如人类会为了追求完美而奋斗。这不是当今任何社群或社会的问题，也不是政治或宗教形式的问题。相反，追求完美最恰当的方式一定是为全人类理想社会而奋斗，即最终实现进化。当然会有人问：你是怎么知道的？我当然不是基于我个人的直接经验得出结论的，而且我必须承认，那些在个体心理学中找到形而上学（metaphysics）元素的人是非常正确的。在有些人看来，这是一件值得称赞的事情，但有些人则会谴责这件事。遗憾的是，很多人对形而上学的观念是错误的，他们希望把一切不能立即掌握的事物都排除在人类生活之外。这种做法会限制每一个新观点的潜在发展。直接经验不会产生任何新结果，只有全面的思想才能将这些事实联系在一起。这种新思想被视为是投机性的或超验性的，但没有一门科学不以形而上学为终点。我认为没有理由畏惧形而上学，它对人类的生活和发展有着很大的影响。我们无法知晓绝对的真理，因此，我们不得不为了自己构建关于未来及行为结果的理论。我们把社会情感看作人性的最终形式，那是一种理想状态，社会情感能为我们指引方向，帮助我们解决所有人生问题，帮助我们正确地调节好与外界的关系。这种追求完美的目标必须承载着实现理想社会的使命，因为我们在生活中所珍视的一切及所有能持久存在的事物都是社会情感的产物。

在前几章中，我对当今社会中个体与大众的社会情感展开了描述，我提及了一些与社会情感相关的事实、结果与缺陷，我尽了自己最大的努力，从人性和性格科学的角度出发，阐述了自己的经验，并说明了如何从个人和大众的行为动向及其"问题人生"中受到启发。在个体心理学中，所有不可辩驳的经验事实都是从这个角度来看待和理解的，其科学体系就是在这些经验事实的压力下形成的。所得出的结果并不相互矛盾，也有常理佐证。为满足严谨的科学理论的要求，个体心理学已经做了所有必要的工作。个体心理学提出了大量的直接经验，并将这些经验安排在一个系统中，这个系统的自我调适从而不与经验相矛盾，此外，个体心理学还帮助我们训练了依据常识进行猜测的能力，以观察我们的经验与经验所在的系统之间的联系。掌握这种能力是十分必要的，因为每个案例都有不同于其他案例的特点，总是为猜测的艺术提供新的实践机会。我现在冒昧地将个体心理学的观点视为宇宙观，既然我用它来解释人生意义，我就必须排除一切判断美德与恶行的道德和宗教观念。在社会情感的压力下，道德、宗教及政治运动的目的都在于发挥人生意义的价值，这是一个绝对的真理。个体心理学具备扎实的科学基础，并直接推动了社会情感的发展，将其发展成为一门学问。基于这个立场，所有个体都要以实现人类整体的福祉（universal welfare）为目标，选择正确的前进方向，但凡与之相对立的原则都是无稽之谈。该隐（Cain）[1]将自己的弟弟亚伯杀害，当耶和华问该隐其弟弟在何处时，该隐竟撒谎道："我不知道，我岂是看守我兄弟的吗？"

我们的祖先为人类的进化做出了巨大贡献，促进了人类整体的进步与发展，这是板上钉钉的事实。基于人类的发展进程，我们不仅可知人类是如何不断取得进步的，还能得知如何才能为人类做出更大的贡献、如何完善我们的合作能力，由此，每个个体都能成为更好的自己，为人类整体的发展出力。为了实现这个目标，我们的所有社会性活动（social movement）都是在试验，以做好万全的准备，只有那些有助于实现理想社会的社会性活动才是可持续的。人类调动了多种多样的巨大力量以完成这个任务，然而，"革命尚未成功"，而且人类常没有选择正确的解决路径。人类在进化之路上不断前进，我们无法掌握所谓的"绝对的真理"，不过，我们会越来越靠近它。大量的社会成就只能持续一段时间或只能存在于特定情境中，

---

[1] 该隐，《圣经》人物，亚当与夏娃的长子。

甚至过了一段时间后，这些社会成就会不利于人类的发展。为了避免被有害的假象钉死在十字架上，或避免在有害的假象上构建错误的生活方式，我们要以人类整体的福祉为指路明灯。在明灯的指引下，我们更可能顺畅无阻地找到前进的道路。

祖先们的贡献永垂不朽，他们的贡献为人类整体的福祉及人类的进一步发展奠定了基础。他们的精神永生不息，他们通过繁衍后代延续自己的生命。所有人类都通过灵魂与身体的延续完成繁衍，这是事实，至于人类是否知晓这个事实并不重要。我们一直在黑暗中摸索正确的前进道路，我想我已经找到答案了，即只有能为永恒及人类的进一步发展创造价值的人类活动才是值得被铭记的。有些人会基于自身及他人的愚昧反驳我的观点，这很可笑。显而易见，我们并不是想掌握真相，而是会为了真相而努力奋斗。

如果我们问：那些对人类整体的福祉毫无贡献的人经历了什么呢？问题的答案是：这些人已经彻底消失了。他们变得无影无踪，其身体和灵魂都不复存在了，大地吞噬了他们。他们就如那些无法适应宇宙的动物一样，彻底从地球上灭绝了。这其中肯定有秘密法则，仿佛宇宙下达了命令："你们走吧！你们还未把握住生命的意义。你们无法存活到未来！"

这当然是一条残酷的法则，我们应该敬畏它，就如古人敬畏可怕的神灵，或如敬畏禁忌的威胁，如果触犯了禁忌，那些与社会作对的个体会面临被毁灭的境地。个体为人类整体所做的贡献是永垂不朽的、永存于世的，我们要保持审慎的态度，不要自认为已经掌握了为人类整体做贡献的通行证，也不要自认为能准确判断某些贡献是否具备永恒的价值。我们可能会犯错，在下结论前，我们要进行详尽且客观的调查，且要根据事态的变化做决定。我们应该避免做任何对社会无益的事情，这本身就是一种进步了。

我们如今的社会情感比以前的社会情感更加广泛。虽然我们并不理解自己的做法，但我们试图以各种错误的方法实现与人类福祉的和谐共处，这些福祉包括教育、个体与集体的行为准则、宗教、科学及政治。相应地，谁拥有的社会情感最强烈，谁就最能理解这种和谐状态。总的来说，这个基本的社会原则并不令人迷惑，而是为我们解开迷雾。

在现今的文明社会中，个体的社会情感浓度在其童年时期便已稳固了，如果不干预其社会情感发展并帮助其提高社会情感浓度，终其一生，他都会依赖童年时的社会情感浓度生活。因此，我们要留意那些会对儿童的社会情感发展产生负面影响的特定条件，比如战争及学校教育对战争的赞颂。在战争中，个体被迫与机器或毒气作战，社会情感薄弱的儿童会不由自主地尝试适应战争的世界，他被迫认为杀人是一种荣耀，且自己应该做到"能杀多少就杀多少"，而那些在战争中伤亡的人是能为人类的未来做出贡献的。死刑也会影响人类社会情感的发展，有人会说死刑是用来惩罚那些与社会大众作对的个体的，且对社会大众没有任何妨害，然而，它的确会对儿童的灵魂造成伤害。对于那些合作能力薄弱的儿童来说，如果他们突然需要面对与死亡相关的问题，他们会迅速停止发展自己的社会情感。对于女孩子们来说，如果她们周围的人不够体贴、粗心大意，她们因此畏惧爱情、生育与分娩，那么她们的处境是十分危险的。如果个体面临着未解决的财务问题，那么他会在发展社会情感的过程中承受过多的压力。很多情况都会让个体的发展陷入停滞，包括自杀、犯罪、对老人、残疾人或乞丐的苛待、对其他个体、雇员、种族及宗教团体的歧视及不公正的对待、对弱者与儿童的虐待、夫妻间争吵、对妇女地位的贬低、对财富与出身的炫耀、拉帮结派以影响社会各阶层、对儿童的溺爱与忽视等。为了应对这种危险的情况，我们不仅要帮助儿童恢复合作能力，还要对事实及时做出解释，即人类当前的社会情感浓度依旧不高，我们要彼此合作，以改善糟糕的现状，为社会做出贡献。此外，我们不能指望依靠进化的神秘力量或他人的努力完成改善现状的任务。如果我们以促进人类的发展为本意，并试图通过战争、死刑或种族及宗教仇恨达到这个目的，那这必然会降低后代的社会情感浓度，且会带来更多恶行。值得注意的是，这种仇恨和迫害会导致生活、友谊和爱情的庸俗化，这是对社会情感的轻视。

在前面的章节中，我已经提供了足够多的素材以帮助读者理解，要想恰当地发展自己，个体就必须将自己视为人类整体的一部分，并奉献自己的心力，这是一种科学的阐释。个人主义制度所提出的反对意见是浅薄的、无意义的，人体所有的功能都是为了把单一的个体与集体捆绑在一起，而不是为了破坏人与人之间的交情。"眼见（seeing）"这一行为意味着接受并利用落在视网膜上的一切，这不仅是一个生理过程，它表明了人是整体的一部分，个体与整体之间互相迁就。在眼见、耳听、言说的过程中，我们产生了相互联系。只有当一个人对外界感兴趣，并愿意与他人产生联系时，这个人才会看得到、听得到、说得准。个体基于自己的理性与常识发挥其合作能力、追求绝对的真理与永恒的正确性，我们的审美意识与审美观也许是促成伟大成就的最强动力。具有永恒的价值的审美意识与审美观是顺从进化之流的，它们推动人类整体的福祉的发展。充足的社会情感及优秀的合作能力有利于我们以正确的、正常的及健康的方式发展我们的生理及心理功能。

当一个人尽到了自己的职责时，我们认为这个人具备美德，而当一个人妨碍了合作时，我们认为这是一种恶行。此外，社会情感受阻是各种"问题人生"出现的原因，包括神经症患者、罪犯及自杀者等，所有过上"问题人生"的个体都没有为社会做出任何贡献。纵观整个人类历史，我们找不到任何一个孤立的个体。人类之所以能进化，是因为人类是一个共同体，在追求完美的过程中，人类追求的是一个理想的社会。这个事实在个人的一举一动中都有所体现，不管他是否在通往理想社会的进化之流中找到了正确的方向。人类的发展受到理想社会的引导、阻碍、惩罚、赞扬和推进，因此，每一个独立的个体不仅要为任何偏离理想社会的行为负责，还需为理想社会赎罪。对于那些遵循错误的人生方向的个体来说，这是一条严酷的，甚至是残酷的法则，那些已经具备了强烈社会情感的个体不断努力减轻这条法则对前者的影响，他们知道前者已经与理想背道而驰。有些个体逃避进化的要求并误入歧途，如果他们意识到了这一点，那么他们就会放弃当前的航线，并成为人类集体中的一分子。

正如我所说，所有的人生问题的解决都要求合作能力及做准备的能力——这是社会情感的显著标志。如果个体具备丰沛的社会情感，他便能收获勇气与幸福。

　　个体的性格特征揭示了其社会情感浓度，为了实现自己的优越感目标，个体会形成自己的性格特征。性格特征与生活风格相互交织，共同构成了个体的指导方针。个体基于自己的生活风格形成性格特征，其性格特征也通过生活风格得以体现。我们的言语贫乏，任何一个词都无法诠释个体精神生活的创作。因此，当我们说"性格特征"时，我们会忽略这个词语背后隐匿的多样性。因此，对于那些依赖文字的人来说，这让他们感到很矛盾，因为文字无法体现精神生活的统一性。

　　我们之所以犯错，是因为缺乏社会情感，很多人对此深信不疑。社会情感的缺失是所有错误的根源，当个体缺乏社会情感时，他会在童年及成年后犯下各种各样的错误，会在家庭生活、学校生活、日常生活、人际交往、职场及爱情中表现出有缺陷的性格特征。这些错误可能是暂时的，也可能是永久的，它们的形式千变万化。

　　纵观人类的发展历史，人类集体及所有个体都在不断奋斗，以发展社会情感。不难看出，人类已经意识到了这个问题，并对这个问题印象深刻。由于缺乏全面的社会情感教育，我们如今承受了过多负担。我们内心的社会情感被压抑了，这些社会情感鞭策我们持续前行，以摆脱集体生活及自身人格中的错误。这种社会情感存在于我们的内心深处，想方设法发挥作用以实现其目的，但它似乎还不够强大，不足以抵挡一切对立的力量。在遥远的未来，即人类在充足的时间内做好充分准备后，人类的社会情感的力量将战胜一切与之对立的力量，届时社会情感对人类来说就会像呼吸一样自然。有朝一日，我们一定能实现这个目标，我们要对此深信不疑。

第十六章

咨询师与问诊人

　　在刚开始执业的时候，我就意识到个体在童年最早期已形成了特定的生活风格，这是个体心理学中的基本原则。虽然我当时对此并不真正理解，但是每当前来寻求意见的患者一踏入房门，我就能对他的性格做出大概的判断。对于患者来说，前来咨询是一个社会问题。一个人与另一个人的每一次相遇都是社会问题。每个人都会根据自己的行为动向进行自我介绍，咨询师往往能在第一眼就看出患者的社会情感浓度。在经验丰富的个体心理学家面前，患者隐瞒病情是徒劳的。然而，患者对咨询师的社会情感浓度有极高的期望。根据以往的接诊经验，咨询师不能对患者的社会兴趣抱有太大的期望，也不能对其社会情感浓度有过高的要求。在这方面，有两个事实给我们提供了重要的帮助。一是在一般情况下，患者的社会情感浓度不高；二是我们通常要面对的是那些从小被宠坏了的人以及成年后还未从虚幻世界中解脱出来的人。读到这里，我的读者们应该可以平静地接受一个事实，即总有人会问："我为什么要爱我的邻居？"毕竟该隐也曾提出过类似的问题。

　　患者的眼神、步态及走进门口时气势的强弱都能透露很多信息。如果咨询师总让患者坐在特定的位置，比如让患者固定坐在沙发的某个位置，或者严格把咨询时间控制在一个小时内，那咨询师可能会遗漏很多信息。第一次面谈算是一个测试，气氛应该是完全不受任何约束的。患者握手的方式也可能体现出特定的信息。被溺爱的人总要倚靠着别人才能生存，生活在溺爱中的儿童会紧紧依偎着母亲。但是，考虑到咨询师的猜测能力可能会受到影响，咨询师应该避免刻板地遵循普适原则，且应该仔细审视患者的情况。此外，咨询师应对自己的诊断守口如瓶，在患者的病情明朗后，咨询师可以在不伤害患者的情况下运用好这些诊断，毕竟患者总是超级敏感。偶尔可以让患者随意就座，不用特意指定座位。不同性格的学龄儿童会与学校里的老师保持不同的距离，我们同样可以通过患者与咨询师或医生之间的距离判断患者的本性。此外，在心理咨询或社交聚会中常年风行着某种"时髦的"心理学，咨询师要对这种现象万分警惕，也不要在治疗开始时便用机械性的回答敷衍患者的问题或者其亲属的问题。个体心理学家要牢记一点，即并不是每个人都具备训练有素的猜测能力，我们要为没有同样经验的人提供做出种种猜测的证据。咨询师绝对不能对患者的父母和亲属表现出怀疑的态度，即使咨询师不愿意亲自接手这个患者，也应将其病情描述为有回旋空间的而不是毫无治愈希望的。除非万不得已，当患者被治愈的希望特别渺茫时，才考虑说明真实情况。我认为不应该干扰患者的行为，要让他以自己喜欢的方式起身，进进出出，或随意抽烟。我甚至偶尔会答应患者的小憩请求，他们可以在我面前小睡一会儿，他们的这个请求增加了咨询的难度。对我来说，这样的态度和他们用

语言表达自己一样重要，这是他们表达抗拒的途径。如果患者
对咨询师侧眼一瞥，他可能不大乐意与咨询师沟通。当患者说
得很少或什么都不说时，当患者说话拐弯抹角时，或者当患者
讲话滔滔不绝，试图阻止咨询师说话时，这种不合作的态度就
会表现得很明显。个体心理治疗师不能表现出困倦、昏昏欲睡
或打哈欠，不能表现出对患者的不感兴趣，避免用严厉的言
语，不要过早地提出建议，避免让患者把咨询师当成最后的依
靠，要避免不讲情面、不讲理、与患者争执，或宣告患者没有
治愈希望。在最后一种情况下，当难度过大时，建议治疗师解
释自己无法处理，并将患者转介给其他可能更有能力的人。任
何试图独断专行的做法都可能导致失败，所有的吹嘘都是治愈
路上的障碍。从治疗一开始，咨询师就必须努力让患者明白，
治疗的责任在患者自己手中。毕竟"你可以把马牵到河边，但
你不可能强迫马喝水（You can take a horse to the water, but you
can't make him drink.）"。

　　治疗的成功和治愈的原因不应归功于咨询师，而应归功于
患者，这该作为一项严格的规则。咨询师只能指出错误，患者
本身才能彰显真相。正如我们所看到的，所有失败的咨询案例
都是由于患者与咨询师之间缺乏合作，因此，从一开始就应该
采取各种方法来增进患者与咨询师的合作。显然，只有当患者
能够信任他的咨询师时，才有可能做到这一点。因此，作为第
一次以科学精神将社会情感提升到更高层次的严肃尝试，这项
合作任务具有极其重要的意义。除此以外，由于患者可能长期
压抑着体内的性感受（sexual component），即那股被弗洛伊德

称为"正向移情"（positive transference）[1]的精神电流，咨询师应尽量避免把这股精神电流召唤出来。这是心理分析治疗中的坦率的要求，当患者长期受到自卑感的困扰，对咨询师的指导意见不甚信任时，其他咨询师会采用这种方法，但这只会为治疗带来新的问题，最好是使这种人为创造的条件消失。前来求诊的患者通常是被溺爱的儿童或渴望被呵护的成年人，如果他们已经学会了对自己的行为负起全部责任，咨询师将很容易避免带领他进入那个轻易得到承诺和其未满足的欲望立即被满足的陷阱。既然总的来说，每一个未实现的愿望似乎都是对被溺爱的人的压抑，那么我想在这里再一次强调，个体心理学既不压抑正当的愿望，也不压抑不正当的愿望。但是，它确实教导人们必须承认，不合理的愿望是与社会情感相对立的，而且可以通过压制而不是通过增加社会兴趣来使之消失。有一次，我受到一个体弱男人的威胁，他患有阿尔茨海默病，在我开始治疗他的三年以前，他被宣告治愈无望，但我最后彻底治愈了他。根据他的预期，他以为我会放弃和拒绝他。被拒绝是他自小以来所面对的命运。在治疗的前三个月里，他一直在治疗过程中沉默不语。当我知道了他的生活情况后，我把治疗当作给

---

[1] 移情（transference）是精神分析学的重要概念之一，最早由弗洛伊德提出。移情是指患者的欲望转移到分析师身上而达到其目的的过程。心理学分析所认为的移情，实际上是讲患者在童年时对一个客体的情感，这个客体尤指父母，在治疗过程中转移到另一个客体或另一个人身上，通常这个人是病人的心理分析师。"负向移情"表现为病人辱骂医生等；"正向移情"则是病人投掷到分析师身上的情感是积极的、温情的、仰慕的。正向移情有利于治疗。在心理分析的治疗过程中，还会产生反移情。反移情指的是分析师对患者无意识的移情而产生一些无意识的反应。

他谨慎解释的机会。我也从他的沉默和其他类似行动中看出他有阻挠我对他展开治疗的倾向，当他举起手来打我的时候，我看到了他对我的反抗态度的峰值，我当即下定决心不自卫。随后又有一次袭击，他还砸碎了一扇窗户。我用最友好的方式，把患者手上的轻微出血的伤口包扎起来（但是在这种情况下，我不建议朋友们将这种治疗作为常态）。当我确信已经治疗好了这个人后，我问他："你觉得怎么样？我们怎样才能合作并成功治好你的病？"我得到的答案应该会让对此感兴趣的读者们留下深刻印象。它让我学会了微笑面对所有一味地只会顺着风势思考的心理学家和心理医生的攻击。他回答说："这很简单。我已经失去了所有活下去的勇气。在与你咨询的过程中，我又找到了这种勇气。"勇气是社会情感中的重要内容，是个体心理学中一个简单的道理，对此有所了解的读者会明白这个人的转变。

　　无论在何种条件下，患者都必须确信他在治疗方面是绝对自由的。他可以为所欲为，也可以不为所动。我们只应该避免让患者认为，他只要一开始接受治疗，就能摆脱他的病症。一位癫痫患者的亲属在第一次求诊时被一位咨询师告知，如果让患者独自一人待着，患者就不会再发病了。但这带来了不好的结果，当患者第一次独自一人时，他就在街上发病了，这致使其下颌骨骨折。另一个例子则没有那么悲惨，一个青年来找心理医生治疗盗窃癖，结果在第一次看完病后就顺走了医生的伞。我再提一个建议，医生应该约束自己，不要向任何一个人说起他与患者的谈话，要遵守自己的承诺。另一方面，患者应该有绝对的自由，可以说出他想说的事。当然，这里有一个风险，那就是患者会利用医生的解释，宣扬"时髦的"心理学。
（"他们昨天刚学的，今天就要教给别人。他们抽身得多快
啊！"）不过可以心平气和地与患者谈谈这个问题，这可以降
低诊断内容被宣扬的风险。患者还可能会抱怨自己的家人，我
们也必须预料到这一点，以便事先让患者看到事实，即他之所
以会将一切怪罪到亲属身上，只是因为他的行为举止透露出对
亲属的埋怨，一旦他自我感觉良好起来，亲属就立即无可指摘
了。此外，咨询师必须向患者指出，不能指望亲属比他自己对
其自身的症状有更多的了解，他自身有责任利用周围的环境构
建自己的生活风格。也不妨提醒他，如果父母有过失，可以将
此追溯到父母的父母辈，并以此类推。这样的话，患者在话语
中就不会带有任何责备。

　　在我看来，患者不应该认为个体心理学家的工作是为了增
加自己的收益和荣耀，这一点很重要。此外，对患者的过度保
护只会带来伤害，咨询师对其他咨询师的贬低或恶意言论也是
如此。

　　要阐述这方面，一个例子就够了。有位男性来找我治疗神
经衰弱，事实证明，他的病因是对失败的恐惧。他告诉我，有
人推荐他去看另一个他本想拜访的精神科医生，我把地址给了
他。第二天，他来找我，告诉我他前去求诊的情况。精神科医
生听了他的病史后，建议他采取冷水疗法，而他表示已经尝试
过五次冷水疗法了，但收效甚微。医师建议他到一家自己特别
推荐的、经营妥善的机构做第六次尝试，患者后来去了两次，
病症依旧没有得到改善。然后他表示想来我这里治疗，精神科
医生建议他不要这样做，并表示阿德勒博士只会给建议。患者

对那个医生说："也许他提出的建议会治好我。"说完就离开了那个诊所。如果不是这位精神科医生执着于阻碍对个体心理学的认可，他肯定会意识到，他不可能阻止患者来找我，并更能理解自己的言论是否恰当。我恳求大家，我的朋友们，当你们面对患者的时候，要避免发表贬低性的言论。在开放的科学领域，面对错误的观点，我们确实应该予以纠正并以正确的观点取而代之，但这应该通过科学的方法来实现。

　　如果患者在第一次面诊时对是否接受治疗有疑问，请留待几天后再做决定。一般情况下，关于疗程长短的问题是不容易回答的。我认为这很有道理，有很多持续了八年的治疗都未有成效，很多来我这里求诊的人都有所耳闻。个体心理学的治疗如果实施得当，至少在三个月内就能有明显成效，大多数情况下甚至可以更早。然而，由于成功与否取决于患者是否合作，治疗的正确步骤应如下所述：从一开始就为患者的社会情感打开一扇门，强调合作治疗的时间长短取决于患者，如果医生有很好的个体心理学基础，只需半小时就能找到方向，但他必须等到患者也了解自己的生活风格和其生活风格中的错误的部分。医生也可以做出补充说明："如果治疗开始一两个星期后，你还不能确信我们正朝着正确的方向努力，那我会停止治疗。"

　　费用是个逃不开的话题，它可能是个难题。我经常遇到这样的患者，他们在以前的治疗中损失了不少钱。咨询师的收费必须符合所在地区的收费标准，也要将额外的难度和时间的耗费纳入考虑。但是，他应避免要价过高，尤其是当这会对患者造成伤害时，更应避免过高的收费。无偿治疗应该以一种得体妥善的方式进行，以免贫困的患者觉得咨询师对他们兴趣欠缺，大多数情况下，他们都会留心咨询师对他们的态度。即使是合乎情理的一次性付清或承诺成功治愈后再付款，咨询师应该对此表示拒绝，不是因为后者具有不确定性，而是因为这人为地在医患关系中引入了新的动机，这就给成功治疗带来了困难，建议在每场咨询结束后按周或按月付费。任何形式的要求或期望总是对治疗有害的，即使是患者自己主动提出的微不足道的好处，也必须拒绝，建议以友好的方式拒绝赠礼，或推迟到治愈患者后再接受。治疗期间不得相互邀约或共同出游。咨询师们对自己的亲属或原来相识的人进行治疗则是比较困难的，因为就事情的性质而言，在熟人面前，任何自卑感都会变得更加压抑。咨询师不要对患者的自卑感追根问底，而要尽最大的努力让患者感到自在。咨询师们应遵循个体心理学的原则，在治疗患者时，不应被患者的先天缺陷困扰，而应专注于患者所犯的错误，让患者了解自己是能得到治愈的，且应让患者感受到自己的重要性，并告知患者社会情感浓度偏低是一种普遍现象。如果咨询师能做到这点，那么咨询过程中将不会充斥着任何紧张的氛围。

这也能帮助我们理解个体心理学与其他心理学体系的不同之处，其他体系中的巨大"阻力"是不存在于个体心理学中的。不难看出，个体心理学中的治疗从未触礁，当个体心理学家没有彻底打好基础的时候，遇到一些危机是必要的，因为准备不完善的个体心理学家会人为地诱使危机的产生，这实在是多此一举。昆克尔（Kunkel）[1]也这样认为，他认为危机——即患者受到冲击或感到悔恨——是必要的。我一直认为，在治疗中让患者尽量放松有很大的好处，并且我自创了一种方法，我会用开玩笑的轻松口吻安慰每一位患者，告诉患者其神经症并不特殊，类似的病例其实不少，以帮助他更轻松地看待自己所受的困扰。那些愚笨的批评家可能会就此大做文章，我必须冒着多此一举的风险引用他们的言辞，我在前文中提及的安慰方式并不会勾起患者心中的自卑感（弗洛伊德现在认为这非常有启发性）。引用寓言和历史中的人物及诗人和哲学家的语录有助于巩固个体心理学家的信仰，为个体心理学的概念添砖加瓦。

　　每次问诊时，咨询师都应注意患者是否在合作，患者的每一个手势、每一个表情以及他带来的或未带来的可供讨论的材料都会透露出其是否处于合作状态中。同时，通过对患者的梦境进行透彻分析，咨询师可以由此判断治疗是否有成效、患者是否与咨询师合作。但在鞭策患者采取任何特定行动时，必须特别谨慎。如果不可避免地谈及这个话题，咨询师不应表现出任何赞成或反对的态度，但是要反对患者采取通俗意义上危险的行动。咨询师应该告诉患者，虽然患者可能坚信自己会成功，但其难以准确判断自己是否真的为冒险做足了准备。在患者的社会情感浓度没有得以提升之前，通常来说，任何煽动都

---

[1] 弗里茨·昆克尔（Fritz Kunkel），精神科医生、心理学家。最好将他理解为一个社会科学家，他试图将心理学、社会学和宗教纳入统一的人类理论。他将这些见解整合到了性格发展理论中，并最终融入了他的"我们心理学"（We-Psychology）。

会导致相应的恶果，患者的病情可能会恶化或复发。

当涉及患者的职业问题时，咨询师可以采取更强有力的措施。这绝不是说要命令患者从事某项职业，而是说咨询师应该向患者指出，通过从事某项特定职业，患者最有可能会收获成功。总的来说，在治疗的每一个阶段，我们都必须严格遵照鼓励患者的治疗方法。个体心理学家必须有坚定的信仰，即"每个个体都具备无限的潜力"，所以要剖析每个个体的构造，强调个体杰出的、独特的成就，而我们的信仰必然会让其他情绪多变且自负的、信仰其他心理学体系的人深感被冒犯。

针对首次前去找咨询师问诊的儿童，我和我的合作伙伴为其整理出了专门的调查问卷，而且我认为我们的调查问卷是同类型问卷中质量最上乘的。我在下文中附上了调查问卷。当然，要想正确运用这份调查问卷，咨询师们必须具有丰富的咨询经验，要对个体心理学的框架与观点具有准确的认知，且要掌握炉火纯青的猜测艺术。在此份调查问卷的帮助下，通过了解个体在童年时期就已成形的生活风格、探究生活风格在形成过程中对个体造成的影响以及观察个体如何在其生活风格下处理人类社会中的各种问题，咨询师们得以掌握了解人类性格的方法与艺术。这份调查问卷是在前几年完成的，我要补充说明一点，咨询师们必须留意使用这份调查问卷的方法，要注意人为灵活地使用其中的内容。患者们所犯的大部分幼稚的错误都是由被溺爱所导致的，这种溺爱不断加剧了儿童的情绪困扰，从而使其不断地陷入诱惑。在这种情况下，他会受到更多种类的诱惑，这让他难以抗拒，当他身边的人非善类时，他更会成为诱惑的奴隶。

第十七章

个体心理学家的调查问卷

此调查问卷用于理解和治疗"困难型"儿童，由国际个体心理学会编制和注释。

1. 问题持续了多久？当孩子表现出明显的缺点时，孩子当时在身体上和心理上正处于什么状况？（以下内容很重要：环境的变化、开学、换学校、换老师、家里年幼成员的出生、在学校受到的挫折、新的友谊关系、儿童或父母的疾病状况等。）

2. 孩子之前有什么异常吗？曾经历过身体上的虚弱或神经衰弱吗？孩子是否懦弱？是否粗心？是否渴望独处？是否笨手笨脚？是否善妒？是否依赖他人喂饭、穿衣、洗澡、睡觉？是否害怕独自一人？是否怕黑？对自己的性别有明确的认识吗？有无第一性、第二性、第三性特征？孩子是怎么看待异性的呢？是否接受过性教育？是继子女吗？是私生子女吗？有被寄养吗？他的养父母是什么样的？他还和养父母保持联系吗？他在正常年龄学会走路和说话了吗？在学习时有没有犯错？出牙是否正常？他在学写字、计算、画画、唱歌、游泳时有没有明显的困难？他是否对母亲、父亲、祖父母中任何一人有特殊的依恋关系？（要特别留心孩子是否对生活抱有敌意，要留意这种敌意的产生，留意孩子在何种情景下会受到自卑感的困扰、会拒绝接纳遇到的困难以及外界的其他人，留意孩子在何种情况下会以自我为中心、暴躁、不耐烦、过于激动、活跃、急切或谨慎。）

3. 孩子惹了很多麻烦吗？孩子最怕什么？最怕谁？会在夜里哭吗？会尿床吗？是个专横跋扈的人吗？是会恃强凌弱的人吗？是否表现出特别喜欢与父亲或母亲共躺在一张床上？孩子笨拙吗？聪明吗？他是否经常被人戏弄和嘲笑？他对自己的头发、衣服、鞋子是否表现出过分的虚荣？他挖鼻孔吗？咬指甲吗？在饭桌上贪食吗？他偷过东西吗？他大便困难吗？（这将清楚地表明孩子是否费心力争取优越地位，也能体现他的固执是否妨碍了他的本能活动的发展。）

4. 孩子很容易交到朋友吗？还是不善于交际？会不会折磨人和动物？他是否依恋比自己年幼的人？还是依恋比自己年长的女孩（男孩）？他是否倾向于领头？还是靠边站？他收集东西吗？他吝啬吗？贪财吗？（这样一来，就可以看出他与他人的交际能力，也可以看出他的受挫程度。）

5. 在目前所有关系中，这个孩子是如何为人处世的？在学校表现如何？是否自愿去上学？是否迟到很久？去学校前，是不是很焦躁或会特别着急？会丢书、书包和资料吗？对学校的课业和考试感到兴奋吗？他是否忘记或是拒绝做家庭作业？会虚度光阴吗？邋遢吗？懒惰吗？注意力是否集中？会扰乱课堂吗？对老师的态度如何？挑剔吗？傲慢吗？还是毫不关心？在做任务时会寻求别人的帮助吗？还是总是等着别人主动提出来？热爱锻炼和运动吗？认为自己天赋不足或完全没有天赋吗？是否大量阅读？孩子更喜欢哪类书籍呢？他的每科成绩都不好吗？（通过这些问题可以了解到孩子对学校生活的准备情况，了解到学校的教学成果对孩子的影响。这些也会显示出他面对困难时的态度。）

6. 准确了解了孩子的家庭情况吗？有无家族疾病？家族中有成员曾酗酒、有犯罪倾向、神经衰弱、体弱多病、患有梅毒或癫痫吗？孩子的家庭的生活水平到底如何？有哪些家庭成员去世了？在多少岁去世的？孩子是否是孤儿？家里谁掌权？家教风格是严格的、吹毛求疵的，还是溺爱的？孩子是否对生活感到恐惧？谁照顾孩子，继父或继母？（由此可了解孩子在家庭中的地位，也可推测孩子的成长环境。）

7. 孩子在家族继承中的顺序如何？年龄排行老几？是独生子女吗？有竞争者吗？会频繁哭泣吗？会不怀好意地嘲笑别人吗？会无故贬低他人吗？（这些是性格学的重要内容，揭示了孩子对他人的态度。）

8. 目前孩子对自己未来的职业有什么样的想法？是怎么看待婚姻的呢？其他家庭成员从事什么职业？他父母的婚姻关系如何？（由此可以看出孩子的勇敢程度和对未来充满希冀的程度。）

9. 孩子最喜欢的游戏是什么？最喜欢的故事呢？最喜欢历史上或故事中的哪个角色呢？孩子是否喜欢打断其他孩子的游戏？他会在幻想中迷失吗？会做白日梦吗？（这些指明了他在追求优越感这方面的人物原型。）

10. 孩子最早期的回忆是什么？所做的梦会让孩子自身印象

深刻吗？还是会反复做同样的梦？（关于飞翔、跌倒、受阻、赶不上火车、跑步、被囚禁、焦虑的梦。）这些孩子常想孤立自己，受到某些"警告"的影响总是过度小心翼翼，会对特定一类人产生难以抑制的依恋与喜爱，习惯安于被动的位置。

11.什么方面造成了孩子丧气？是因为自己被轻视了吗？孩子对赞扬和赏识有积极的反应吗？有迷信观念吗？是否遇到困难就抽身？会心血来潮开始做某些事情但是很快就放弃吗？对未来有把握吗？相信遗传带来的负面影响吗？身边的人是否会全方位地打压孩子？人生观是否悲观？（由此可了解孩子是否对自己充满信心，是否在正确的人生道路上前行。）

12. 其他缺点：他会做鬼脸吗？他的行为举止是否愚蠢、幼稚、滑稽？（更愿意不顾一切地企图引起别人的注意。）

13. 孩子有语言能力缺陷吗？相貌丑陋吗？举止笨拙吗？有畸形足吗？有佝偻病吗？有八字脚或罗圈腿吗？发育不良吗？异常壮硕、过高、过矮吗？眼部或耳部有缺陷吗？是否精神错乱？是左撇子吗？夜里打呼吗？面容特别姣好吗？（孩子在遇到这些难题时，往往会夸大它们，这会让孩子长期感到沮丧。那些面容姣好的孩子也会夸大自己的人生体验，常认为自己不费吹灰之力就可以拥有想要的一切，由此，这些孩子忽略了为未来生活做好充分准备的必要性。）

14. 孩子是否公开讨论自己能力不足？是否认为自己没有"足够的天赋"应对学校、工作及生活？是否有过自杀的念头？当孩子遭遇失败时，这个时间点和孩子犯错误（如被忽视、拉帮结派等）的时间点是否有什么联系？孩子是否太看重物质上的成功？过分顺从吗？虚伪吗？叛逆吗？（这些都是挫败感的表现形式，当孩子试图成功却未能得偿所愿时，挫败感就会以各种形式侵蚀孩子。失败的原因不仅在于孩子们自身没有清晰的目标，还在于对周围的人事物缺乏基本的了解。为了弥补自己，孩子会通过其他尝试让自己感到满足。）

15. 孩子取得了什么积极成就？这些成就是什么类型的？是通过视觉、听觉还是触觉取得的？（这些是重要的风向标，由此可能发现孩子对其他新的发展方向感兴趣或者已经有所准备。）

基于上述这些问题，我们要对话式地、绝不机械地、自然而然地、循序渐进地了解孩子，孩子的性格图像也将由此显现。我们可以由此去了解孩子所犯的错误，当然，并不是说他们所犯的错误是合乎情理的，但至少我们可以对那些错误一目了然。我们应始终友好地、耐心地、不加威胁地对那些错误展开解释。

如果要对成年人的错误展开分析，我认为下面的测试模型有一定的参考价值。依照这个模型，专业人士将在半小时内深入了解个人的生活风格。当然，我自己对患者的问询并不总是遵循下列顺序。专业人士会留意到该问卷是带有医学性质的，个体心理学家可以由此得到在其工作体系中本来没注意到的答案。以下是大概的顺序：

1. 你受到什么疾病的困扰？

2. 当你注意到你的症状时，你处于什么境遇中？

3. 你现在的境遇如何？

4. 你的职业使命是什么？

5. 请描述一下你父母的性格和健康状况，如果他们不在世的话，他们是因什么疾病而逝世的？他们和你的关系如何？

6. 你有多少个兄弟姐妹？你在当中排序第几？他们对你的态度如何？其他人的社会地位如何？他们患有疾病吗？

7. 你父亲或母亲最爱的孩子是哪一个？

8. 寻找幼儿时期被溺爱的迹象。（胆怯、害羞、难以建立友谊关系、无条理等。）

9. 曾在幼儿时期患有疾病吗？你怎么看待幼儿时期患病的经历呢？

10. 童年早期的回忆是什么呢？

11. 目前什么会让你感到害怕呢？你曾经最大的恐惧是什么？

12. 你在小时候和成年后都是怎么看待异性的？

13. 你最感兴趣的职业是什么？如果你没有做这行，是为什么呢？

14. 你会野心勃勃、敏感、大发脾气、迂腐、跋扈、害羞、不耐烦吗？

15. 目前你身边的人都是什么样的？他们有耐心吗？脾气好吗？心中有爱吗？

16. 你睡得怎么样？

17. 做梦吗？（关于坠落、飞翔、反复出现的梦境、预言、考试、错过火车等。）

18. 有什么家族遗传病吗？

我想提醒读者朋友们，如果你们看到这儿还没有完全理解这些问题的意义，那么请从头开始阅读这本书，并反思自己是否全神贯注、不带偏见地理解书中的内容。要是让我解释这些问题对我们去理解个体生活风格的形成有何意义，那我恐怕要把整本书复述一遍。问卷中的问题也是对读者们的一个测验，读者们所得到的答案可以体现出读者的阅读理解能力以及社会情感浓度。社会情感的确是本书最重要的内容。

在阅读完这本书后，希望读者不仅能更好地理解他人，也能掌握社会情感的重要性，使之为自己所用。